ロボティクスシリーズ 13

制御用アクチュエータの基礎

工学博士 川村 貞夫
博士(工学) 野方 誠
博士(工学) 田所 諭 共著
博士(工学) 早川 恭弘
　　　　　 松浦 貞裕

コロナ社

ロボティクスシリーズ編集委員会

編集委員長 有本　卓（立命館大学）
幹　　　事 渡部　透（立命館大学）
編 集 委 員 石井　明（立命館大学）
　（五十音順）　手嶋教之（立命館大学）
　　　　　　　前田浩一（立命館大学）

（所属は初版第1刷発行当時）

刊行のことば

　本シリーズは，1996 年，わが国の大学で初めてロボティクス学科が設立された機会に企画された．それからほぼ 10 年を経て，卒業生を順次社会に送り出し，博士課程の卒業生も輩出するに及んで，執筆予定の教員方からの脱稿が始まり，出版にこぎつけることとなった．

　この 10 年は，しかし，待つ必要があった．工学部の伝統的な学科群とは異なり，ロボティクス学科の設立は，当時，世界初の試みであった．教育は手探りで始まり，実験的であった．試行錯誤を繰り返して得た経験が必要だった．教える前に書いたテキストではなく，何回かの講義，テストによる理解度の確認，演習や実習，実験を通じて練り上げるプロセスが必要であった．各巻の講述内容にも改訂と洗練を加え，各章，各節の取捨選択も必要だった．ロボティクス教育は，電気工学や機械工学といった単独の科学技術体系を学ぶ伝統的な教育法と違い，二つの専門（T 型）を飛び越えて，電気電子工学，機械工学，計算機科学の三つの専門（π 型）にまたがって基礎を学ばせ，その上にロボティクスという物づくりを指向する工学技術を教授する必要があった．もっとたいへんなことに，2000 年紀を迎えると，パーソナル利用を指向する新しいさまざまなロボットが誕生するに及び，本来は人工知能が目指していた"人間の知性の機械による実現"がむしろロボティクスの直接の目標となった．そして，ロボティクス教育は単なる物づくりの科学技術から，知性の深い理解へと視野を広げつつ，新たな科学技術体系に向かう一歩を踏み出したのである．

　本シリーズは，しかし，新しいロボティクスを視野に入れつつも，ロボットを含めたもっと広いメカトロニクス技術の基礎教育コースに必要となる科目をそろえる当初の主旨は残した．三つの専門にまたがる π 型技術者を育てるとき，広くてもそれぞれが浅くなりがちである．しかし，各巻とも，ロボティクスに

直接的にかかわり始めた章や節では，技術深度が格段に増すことに学生諸君も，そして読者諸兄も気づかれよう．恐らく，工学部の伝統的な電気工学，機械工学の学生諸君や，情報理工学部の諸君にとっても，本シリーズによってそれぞれの科学技術体系がロボティクスに焦点を結ぶときの意味を知れば，工学の面白さ，深さ，広がり，といった科学技術の醍醐味が体感できると思う．本シリーズによって幅の広いエンジニアになるための素養を獲得されんことを期待している．

2005年9月

編集委員長　有本　　卓

まえがき

　メカトロニクス・ロボティクスにおいてアクチュエータは重要な要素である。特に，制御を目的としたアクチュエータが数多く利用されている。本書は，メカトロニクス・ロボティクス分野で必要とされるアクチュエータに関する内容をまとめたものである。

　まずこの分野では，目的に応じて種々のアクチュエータを適切に使いわける必要がある。そこで，いろいろなアクチュエータについて，幅広い知識を持つことが求められる。つぎに，アクチュエータは実世界で動作するものであり，アクチュエータの動作原理を理解するために力学，電磁気学などの物理学に関する一定の知識を必要とする。この点は，計算機内のみに世界を構築することが多い情報科学とは異なる点であろう。さらに，対象を制御する目的の視点では，アクチュエータのモデリングと制御の基本的知識も必要となる。

　以上のアクチュエータに関する教育的に必要な内容を，1冊のテキストにまとめることは，紙面の制約上困難と筆者らは判断し，以下の方針を立てた。(1) 産業界などで使用頻度の高いアクチュエータを中心に解説する。ただし，最近の動向も踏まえて，可能な範囲で多くの種類のアクチュエータを説明する。(2) 説明内容の必要に応じて，アクチュエータが実際に利用されている応用例も紹介する。(3) アクチュエータの駆動原理を理解するための物理学などに関して基本的知識を読者が有していると想定する。ただし，本書と関係の深い電磁気学の主要法則を付録に掲載したので，必要に応じてご覧いただきたい。(4) 制御工学に関する基本的知識も読者が有していると想定する。以上の基本方針のもとに，本テキストが構成されているので，読者は必要に応じて基本的な知識を該当する分野の別の良書から学び取っていただきたい。

　したがって，本書では種々のアクチュエータのメカニズムと基本的動作原理，

制御の視点でのモデリングが中心的内容となっている。物理学が電磁力の原理を明快に説明できただけでは，今日のように産業を支える駆動源として電磁力の利用はなかったように思える。そこに，モータというメカニズムが発明され，その後の制御方法の開発などが，大きく貢献している。仮に物理学的な原理が既知であっても，新しいアクチュエータのメカニズムやモデリング・制御が，重要な研究対象であり，メカトロニクス・ロボティクスとして学ぶべき内容である。

　以上のような基本的な考え方から，本書は，1章，2章を川村貞夫，3章，5章を松浦貞裕，4章を田所諭，6章，7章を早川恭弘，8章，9章を田所諭と野方誠が担当した。紙面の制約のみならず，筆者らの浅学非才から，多くの不十分な点を含んでいると思われる。これらの点に関しては，今後多くのご指摘を賜りたいと思っている。

　2006年2月

著者ら記す

目　　　次

1. アクチュエータ

1.1　アクチュエータの成り立ち ………………………………………… *1*
1.2　アクチュエータの分類 ………………………………………………… *2*
1.3　メカトロニクスにおけるアクチュエータの重要性 ……………… *4*
1.4　制御用アクチュエータへの要求項目 ……………………………… *5*
1.5　アクチュエータの制御の重要点 …………………………………… *6*
　　1.5.1　制御用アクチュエータの動特性 ………………………………… *6*
　　1.5.2　摩　擦　現　象 ………………………………………………… *8*
章　末　問　題 ……………………………………………………………… *8*

2. DC モ　ー　タ

2.1　モータ回転原理 ……………………………………………………… *9*
2.2　トルクの脈動 ………………………………………………………… *10*
2.3　モータの逆起電力 …………………………………………………… *12*
2.4　静特性（定常特性）………………………………………………… *13*
2.5　動特性（過渡特性）………………………………………………… *14*
2.6　直流サーボモータ …………………………………………………… *15*
2.7　電気系と機械系のアナロジー ……………………………………… *16*
2.8　エ ネ ル ギ ー ………………………………………………………… *17*
章　末　問　題 ……………………………………………………………… *19*

3. 誘導モータ

3.1　はじめに ……………………………………………………………… 20
3.2　誘導モータの駆動原理 ………………………………………………… 20
3.3　誘導モータの特徴 ……………………………………………………… 21
3.4　誘導モータの制御 ……………………………………………………… 22
　　3.4.1　インバータ制御 …………………………………………………… 22
　　3.4.2　ベクトル制御 ……………………………………………………… 24
章末問題 …………………………………………………………………… 26

4. ステッピングモータ

4.1　ステッピングモータの構造 …………………………………………… 27
4.2　ステッピングモータの特徴 …………………………………………… 28
4.3　ステッピングモータの励磁法 ………………………………………… 29
4.4　ステッピングモータの特性 …………………………………………… 30
章末問題 …………………………………………………………………… 31

5. ブラシレス直流モータ

5.1　ブラシレス直流モータの特徴 ………………………………………… 32
5.2　ブラシレス直流モータの駆動原理 …………………………………… 33
5.3　ブラシレス直流モータの制御 ………………………………………… 34
　　5.3.1　矩形波駆動 ………………………………………………………… 34
　　5.3.2　正弦波駆動 ………………………………………………………… 35
5.4　ACサーボモータ ……………………………………………………… 38

章末問題 …………………………………………………… *40*

6. 空気圧アクチュエータ

6.1 は じ め に …………………………………………………… *41*
6.2 空気圧駆動システム ………………………………………… *42*
 6.2.1 空気圧駆動システムの概要 …………………………… *42*
 6.2.2 空気圧駆動の原理と特徴 ……………………………… *44*
6.3 空気圧駆動アクチュエータ ………………………………… *45*
 6.3.1 空気圧シリンダ ………………………………………… *46*
 6.3.2 揺動形アクチュエータ ………………………………… *46*
 6.3.3 空気圧モータ …………………………………………… *47*
 6.3.4 ゴムアクチュエータ …………………………………… *49*
6.4 空気圧制御弁 ………………………………………………… *51*
 6.4.1 方向制御弁 ……………………………………………… *51*
 6.4.2 圧力・流量制御弁 ……………………………………… *52*
 6.4.3 電空比例制御弁 ………………………………………… *52*
 6.4.4 高速オンオフ電磁弁による制御方法 ………………… *54*
6.5 空気圧サーボシステム ……………………………………… *56*
章末問題 …………………………………………………… *62*

7. 油圧アクチュエータ

7.1 油圧駆動システム …………………………………………… *63*
 7.1.1 油圧アクチュエータの特徴 …………………………… *63*
 7.1.2 油圧駆動システムの概要 ……………………………… *64*
7.2 油圧駆動アクチュエータ …………………………………… *65*

7.2.1 油圧シリンダ……………………………………… 65
7.2.2 揺動形アクチュエータ ……………………………… 65
7.2.3 油圧モータ………………………………… 66
7.3 油圧制御弁………………………………………… 68
7.4 油圧サーボシステム …………………………………… 70
章末問題……………………………………………… 71

8. 圧電アクチュエータ

8.1 圧電アクチュエータとは……………………………… 72
   8.1.1 圧電アクチュエータとはなにか …………………… 72
   8.1.2 圧電アクチュエータの特徴 ………………………… 73
8.2 圧電効果 ……………………………………………… 74
   8.2.1 電界によるひずみ ………………………………… 74
   8.2.2 圧電基本式………………………………… 75
   8.2.3 電歪効果…………………………………… 76
   8.2.4 圧電定数の性質 ……………………………………… 76
   8.2.5 電気機械結合係数 …………………………………… 77
8.3 バイモルフ形圧電素子 ……………………………… 78
   8.3.1 バイモルフ形圧電素子の構造と原理 ……………… 78
   8.3.2 バイモルフ形圧電素子の応用 ……………………… 79
8.4 積層形圧電素子 ………………………………………… 83
   8.4.1 積層形圧電素子の構造と原理 ……………………… 83
   8.4.2 積層形圧電素子の応用 ……………………………… 84
8.5 超音波モータ …………………………………………… 87
   8.5.1 超音波モータの特徴 ………………………………… 87
   8.5.2 超音波モータの構造と原理 ………………………… 87

	8.5.3 超音波モータの特性 …………………………………	90
8.6	インパクト駆動アクチュエータ …………………………………	91
	8.6.1 インパクト駆動方式 ………………………………………	91
	8.6.2 サイバネティックアクチュエータ ………………………	94
章 末 問 題 ………………………………………………………………		99

9. その他のアクチュエータ

9.1	形状記憶合金アクチュエータ ……………………………………	100
	9.1.1 形状記憶合金の働き ……………………………………	100
	9.1.2 形状記憶合金の動作原理 ………………………………	101
	9.1.3 形状記憶合金アクチュエータの特徴 …………………	102
	9.1.4 形状記憶合金アクチュエータの利用技術 ……………	103
	9.1.5 形状記憶合金の応用 ……………………………………	103
9.2	高分子アクチュエータ ……………………………………………	105
	9.2.1 ICPFアクチュエータの原理と特徴 ……………………	105
	9.2.2 ICPFアクチュエータのモデリング ……………………	106
	9.2.3 ICPFアクチュエータの応用 ……………………………	107
9.3	ER流体アクチュエータ …………………………………………	109
9.4	超磁歪アクチュエータ ……………………………………………	110
9.5	金属水素化物アクチュエータ ……………………………………	112
9.6	静電アクチュエータ ………………………………………………	113
章 末 問 題 ………………………………………………………………		115

付　　　　録 …………………………………………………………………		116
	A.1 電磁気学の主要法則 ………………………………………	116
	A.2 磁　気　回　路 ……………………………………………	119

A.3　ソレノイド ………………………………………………… *121*

引用・参考文献 ………………………………………………… *122*
章末問題解答 …………………………………………………… *126*
索　　　引 ……………………………………………………… *129*

1 アクチュエータ

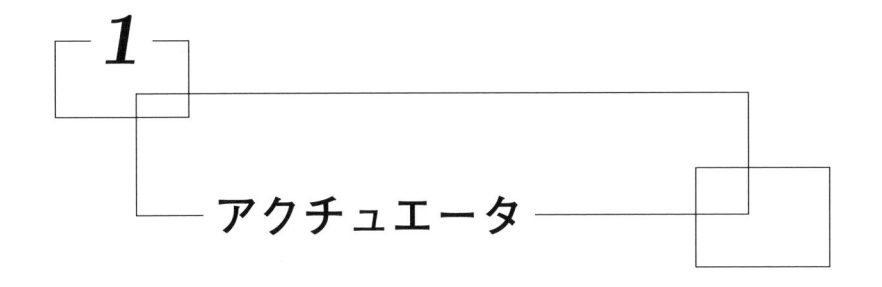

1.1 アクチュエータの成り立ち

アクチュエータ (actuator) に関する今までの経過を考えてみよう。人類の歴史の中で，人間の肉体的労働の代替として牛や馬などの家畜を利用した。その後，18世紀に始まる産業革命時に，蒸気機関が発明されて生産量が飛躍的に増大し，現在に至っている。この蒸気機関は，人間の運動を機械によって人工的に実現するための条件を明確に物語っている。それは，以下の三つの必要性である。

(1) エネルギー源
(2) 駆動メカニズム
(3) 制 御

まず，蒸気機関の場合，エネルギー源は熱エネルギーであり，これを蒸気の圧力を介して，運動エネルギーに変換している。つぎに，駆動メカニズムは，蒸気タービンなどに利用される蒸気圧を回転運動に変換するメカニズムや蒸気機関車に利用されるようなシリンダ形式などがある。制御に関しては，調速器（ガバナ）が発明された。これによって，機械的に一定の速度を維持できるようになり，さらに詳細な安定性の解析が進んだ。この分野が，後に制御工学として発展した[1]†。つぎに，電動モータを考えると，エネルギー源は電気，駆動力は

---

† 肩付番号は巻末の引用・参考文献の番号を示す。

電磁力，駆動メカニズムは電動モータ，制御は電子回路ということになる。

人間の肉体的作業を機械で代替するためには，単にエネルギー源が存在するだけでは不十分であり，人間の望みの運動を作るメカニズムや制御が必要となる。この点が本書で特に注目する制御用アクチュエータの意味である。したがって，アクチュエータといっても電動モータやシリンダなどの駆動メカニズム単体では意味がなく，エネルギー源，駆動メカニズム，制御を含めて考えることが重要であることに気づく。

1.2　アクチュエータの分類

現在多く実用されている制御用アクチュエータについて，大雑把に駆動源で分けると，以下となる。

(1) **電磁駆動**(electric-magnetic drive)　　**電動モータ**(electric motor)など
(2) **空気圧駆動**(pneumatic drive)　　**空気圧シリンダ**(pneumatic cylinder)など
(3) **油圧駆動**(hydraulic drive)　　**油圧シリンダ**(hydraulic cylinder)など
(4) **その他の駆動**　　**超音波モータ**（ultrasonic motor）など

電磁駆動は，**直流モータ**（DCモータ, direct current motor），**交流モータ**（ACモータ，alternating current motor），**ステッピングモータ**(stepping motor)などが多く利用されている。これらは，一般の工場や家庭などでも広く利用されている。もともとは，必要とされる発生力が比較的低い対象に利用されている。しかし，しだいに改良が進み，高出力の対象にも利用されつつある。電磁駆動は一般に使用が容易であり，騒音，環境を汚さない（油漏れなどがない）などの長所から，多くの分野で利用されている。

空気圧駆動は，空気圧シリンダ，空気圧モータなどに利用されている。簡便・安価な装置で，単純な動作では有効であることから，工場内のオートメーションには広く利用されている。

油圧駆動では，空気圧駆動よりも高圧力の油圧を利用できることから，小形で高出力の機器が実現できる。建設機械（パワーショベルなど）は，このために油圧駆動となっている。ただし，現状では油漏れなどの問題から，対象とされる分野が限定されている。

その他の駆動原理として，圧電駆動，静電駆動，形状記憶合金駆動，高分子ゲルでの駆動などがある。すでに超音波モータなどをはじめ多くの利用が報告されている。今後も，古典的な上記の三つの駆動方式以外の方式が発達していくものと期待されている。

ここで，産業用ロボットに限定して，アクチュエータを考えてみよう。当初は小形ロボットでは，電動モータ（特に，ACサーボモータ）が利用され，大形ロボットでは，油圧駆動（油圧シリンダなど）が用いられた。空気圧駆動は，後述するように制御の難しさから，主要部分の駆動源としては利用されず，手先のグリッパなどに多く用いられた。電動モータの改良に伴い，しだいに大形のロボットにも電動モータが利用されるようになっている。

図1.1に産業用ロボットを想定して設計製作された学生実験用ロボットの写真を示す。

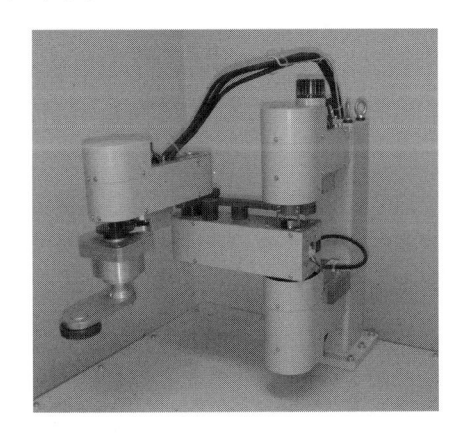

図1.1　学生実験用ロボット〔立命館大学理工学部ロボティクス学科開発〕

1.3 メカトロニクスにおけるアクチュエータの重要性

メカトロニクスにおいては，一般に以下の三つの分野が重要となる（図**1.2**）。
(1) **センサ**(sensor)　　計測原理，計測メカニズム
(2) **コンピュータ**(computer)　　信号処理，制御
(3) **アクチュエータ**(actuator)　　エネルギー源，駆動原理，駆動メカニズム

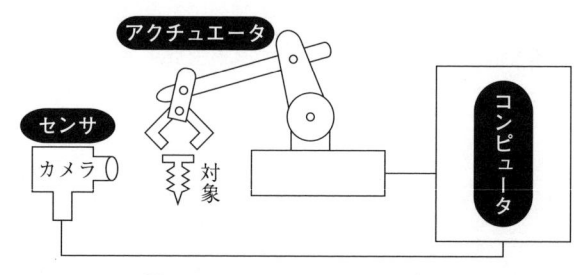

図**1.2**　メカトロニクスの三分野

　センサに関する現状は，電気信号に基づく計測技術を中心にさまざまな種類のセンサがすでに開発されている。近年の計算機の発達によって，複雑な信号処理が安価に高速に実現できるようになり，多様なセンサから微妙な信号を検出できる環境となった。さらに，近年急速に発達してきた**マイクロマシニング**(micro-machining) **技術**によって，従来よりも極端に小さいセンサの開発が現実となっている。

　また，コンピュータ自体が急速な進歩を遂げており，信号処理や制御が従来よりも容易に実現できるようになってきた。例えば，運動制御に関しては，従来では実時間制御において制御量を計算するための演算時間が長く，フィードバック系を不安定にすることが大きな問題であった。しかし，現在では汎用計算機の計算速度の向上により，特別な場合を除いて，演算時間は大きな問題とならない傾向にある。

　最後にアクチュエータである。メカトロニクスやロボティクスにおいて運動

を実現することはきわめて重要である。ところが，信号や情報を取り扱うセンサ，コンピュータなどのハードウエアを小形化することは比較的容易であるのに比べ，要求に合う力や仕事を実現しなければならないアクチュエータでは，それらを満たしながら小形化しなければならないという困難さがある。コンピュータ技術の急速な進歩は，アクチュエータの解析や設計などに利用はされている。しかし，20世紀に始まる情報化の力だけでは，直接的にアクチュエータ開発を極端に加速できない性質の違いがあるとも見なせる。技術者は，地道な努力と新しいアイディアによって，アクチュエータを向上させてきている。例えば，ロボットの腕では，一つ前の関節の重量をつぎの関節が支え，運動する場合がある。その際，前の関節のアクチュエータ重量をつぎの関節のアクチュエータが駆動しなければならない。それゆえ，従来にも増して軽量で高出力のアクチュエータが必要となり，多くのアイディアが生まれた。

1.4 制御用アクチュエータへの要求項目

メカトロニクスやロボティクスの分野では，エネルギー源とアクチュエータに，今後も新しいアイディアと開発が期待されている。制御用アクチュエータとしては，以下の項目などが要求される。

(1) 目標位置，目標速度の実現が容易
(2) 力制御の実現が容易
(3) 軽量，小形
(4) 大きな起動トルク
(5) 環境汚染なし
(6) コンパクトなエネルギー源
(7) 保守・点検が容易

もちろん，実際に製造することを考えれば，製造コストなどを考慮する必要もある。ここで，特に小形・軽量という観点で，従来のアクチュエータを整理

しよう。従来のアクチュエータに関して，出力を仕事率（W）と自重（g）の比率をとる。仕事率が大きく自重が小さいアクチュエータがよいアクチュエータといえる。周辺装置や設定条件によっても異なるので単純な比較は難しいことを踏まえた上で，一般的に比較すると，電動モータ：0.1〔W/g〕程度，空気圧シリンダ：0.2〔W/g〕程度，油圧シリンダ1.0〔W/g〕以上となっている[2]。ただし，空気圧や油圧の圧力は，現在の技術で利用されている値とする。今後も比率（W/g）の高いアクチュエータ開発が期待されている。実際のアクチュエータの選定では，仕事率（W）と自重（g）の比率だけではなく，上記の要求項目のどの点を重視するかに依存して，アクチュエータが決定される。

1.5 アクチュエータの制御の重要点

1.5.1 制御用アクチュエータの動特性

駆動原理の違いによって，アクチュエータの特徴が決まる。アクチュエータの利用目的に応じて，この特徴を十分考慮すべきであり，1.4節の要求項目に合致するかを確認する必要がある。つぎに，アクチュエータの特徴の中でも，動特性は制御目的を達成するために重要である。実際には，アクチュエータ駆動用装置，アクチュエータ本体，周辺メカニズムなどの動特性すべてを含めたシステム全体の動特性を議論する必要がある。伝達関数などで表現できる線形システムにモデル化される場合やアクチュエータの種類によっては非線形システムとしてモデル化される場合がある。2章以降では，アクチュエータごとにその動特性を記述するモデルが説明される。

その際，影響が少ないとして摩擦現象は無視される場合もある。事実，摩擦現象を無視しても全体の運動特性に大きく影響しない場合もある。しかし，高精度な位置決め制御を実現する際などには，摩擦現象が運動に大きく影響すると考えるべきである。アクチュエータとしては摩擦の影響を低減して，運動特性の改善や部品の磨耗を減少する考え方が多い。

1.5 アクチュエータの制御の重要点

しかし，逆に摩擦現象を駆動原理に利用する超音波モータなどのアクチュエータも開発され，実用化されている（**図1.3**）。また，オートメーションで利用されるパーツフィーダ（**図1.4**）は摩擦を用いたメカニズムである[3]。

図1.3 超音波モータ（新和商事株式会社製　USR-60-S1）

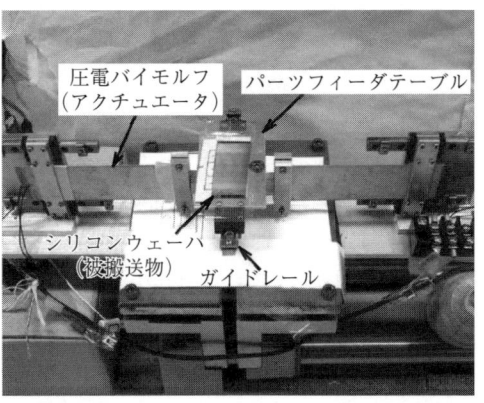

図1.4 マイクロパーツフィーダ〔出典：Mitani, A., Sugano, N. and Hirai, S.: Micro-Parts Feeding by a Saw-tooth Surface, Proc. IEEE Int. Conf. on Robotics and Automation, pp.837～843 (2003)〕

圧電バイモルフでパーツフィーダテーブルを振動させてシリコンウェーハを搬送している。

2章以降では，特に摩擦は強調しないが，ほとんどの制御用アクチュエータの関係する運動には摩擦現象が介在していると考えるべきである。そこで，1.5.2項に摩擦現象を要約しておく。

コーヒーブレイク

未来の賢く強いロボット？

SFなどでは，新しいマイクロチップや知能システムが開発されて，今までになかったようなロボットが生まれるようなストーリーが多い。そして，そのようなロボットたちは，知能が優れているだけではなく，大きな力も発生できることになっていることが多い。しかし，実際には力を発生するアクチュエータとそのエネルギー源が，十分でなければSFで語られる未来のロボットは実現できない。現在の段階では，知能ばかりでなく，駆動エネルギー源とアクチュエータにも革新的な技術の登場が期待されている。

1.5.2 摩擦現象

摩擦現象がないとすると，われわれが取り扱う機械系の運動はすべて，複雑ではあっても完全にニュートンオイラーの運動方程式の解と一致する。したがって，質量や慣性モーメントが既知であれば，任意の力やトルクを与えた際の運動は正確に解を求めることができる。しかし，実際には種々の摩擦現象のために，その解とは一致しない。機械系の運動制御の難しさは摩擦現象から生じる場合が多い。

よく知られているように，摩擦現象の解析は，古くから検討されている[4]。通常，図 1.5 に見られるように，速度の値に依存しないクーロン摩擦力 f_c，速度に比例する粘性摩擦 f_v，静止摩擦 f_s を組み合わせたモデルが利用される場合が多い。その際，静止摩擦の値が，クーロン摩擦よりも大きくなることもよく知られている。

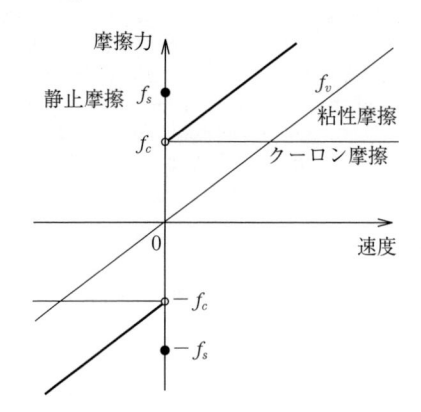

図 1.5 摩擦のモデル

章 末 問 題

【1】 カメラの自動焦点距離調節機構用アクチュエータの運動に要求される定性的条件を列挙せよ。

【2】 作動流体の違いから空気圧駆動システムが，油圧駆動システムよりも優れている代表的な特徴点はなにか。

2

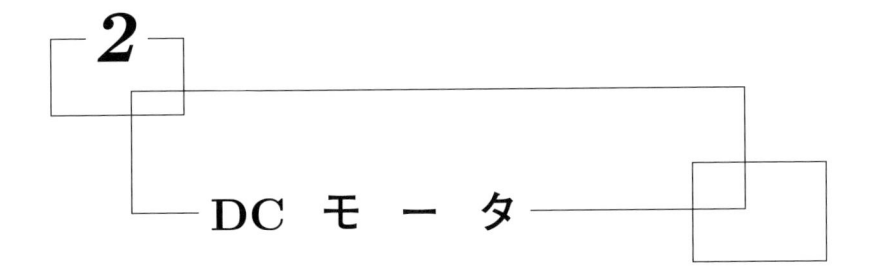

DC モータ

2.1 モータ回転原理

モータの回転原理を図 2.1 に示す。構造としては，まず永久磁石や電磁石で磁場を与える。そのため，図において N 極と S 極が発生する。この磁場の中に，導電性の物体をループ上に置く。以下この導体を**回転子（ロータ，rotor）**と呼ぶ。この回転子に電流を流すと，図中に示されるようにフレミングの左手の法則より，図中点 A では，次式で与えられる鉛直上向きの力 f が発生する。

$$f = Bli \tag{2.1}$$

ただし，B：磁束密度，l：コイルの有効長さ，i：電流である。

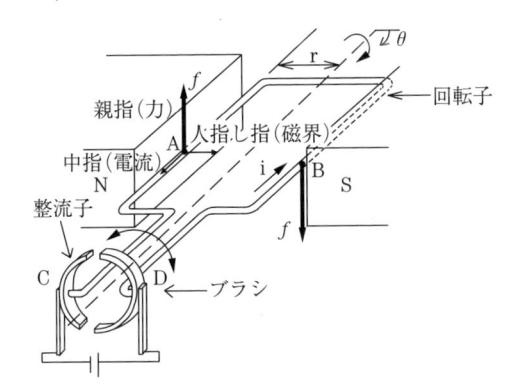

図 2.1 モータの回転原理

また，点 B では電流の方向が逆になるので，力 f は鉛直下向きの力となる。これらの力は，回転子を回転させるトルクとなり，結果的に回転子は回転し始

める。この回転が 90° になるまでは，回転力が発生している。しかし，90° を超えると，フレミングの左手則からも明らかなように，回転トルクは逆向きとなる。そこで，回転は継続されなくなる。この問題を解決するためには，電流の向きを逆にすればよい。すなわち，点 A が図中の右半面に入ったときには，電流の向きを逆にする。このために，図中の整流子とブラシ (brush) がある。整流子はほぼ 180° ごとの半円の電導体で，ブラシを介して電流が回転子に流れる仕組みとなっている。この整流子とブラシによって，回転子の回転に伴って，点 A が右半面に移動した瞬間に，電流の向きが逆になる。すなわち，点 A には，左半面ではつねに鉛直上向きの力，左半面ではつねに鉛直下向きの力が発生する。

2.2 トルクの脈動

2.1 節では，回転力の発生する原理を定性的に説明した。本節では定量的にトルクの大きさを検討する。点 A と点 B を結ぶ直線を含む鉛直面を図 **2.2** に示す。この図から理解できるようにトルク τ は次式で与えられる。

$$\tau = 2fr|\cos\theta| \tag{2.2}$$

ここに，r はモーメントアームの長さ，θ は回転角度である。

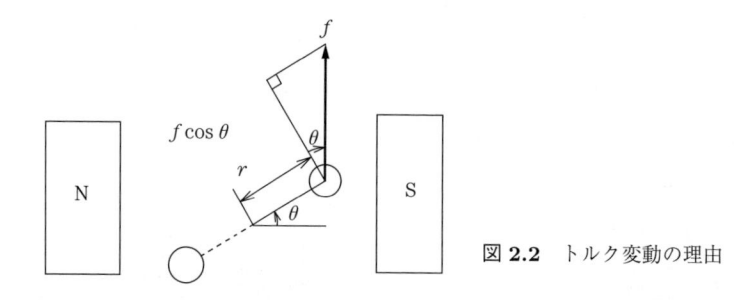

図 **2.2** トルク変動の理由

このトルクを回転角度の関数として表現したものが，図 **2.3** である。図からもわかるように，トルクは角度 $\pi/2$ ごとに 0 となる。

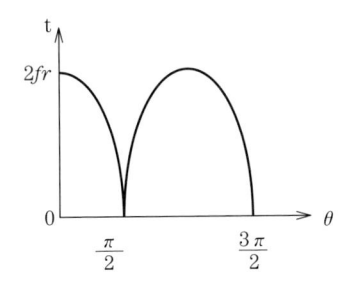

図 2.3 トルク変動

　実際のモータ回転はどうなるであろうか。瞬間的に角度 $\pi/2$ でトルクが 0 になっても，いったんモータが回転し出せば，慣性が働いてトルク 0 の点を通過してしまうので，回転が継続するかもしれない。事実このようにして回転を継続することも可能である。しかし，スタート時に角度 $\pi/2$ などに角度がある場合には，回転運動を開始しない。

　さらに，実際には，1 章で説明したように，機械系の静止摩擦が存在し，ある値のトルクまではモータは回転しない。したがって，角度 $\pi/2$ の点だけではなく，近傍の角度では静止摩擦の値を超えるトルクが発生できず，静止したままとなる。これはモータにとっては大きな問題である。また，高精度な運動を実現するためには，トルクが変動することは好ましくない。

　そこで，トルクの変動（脈動という場合もある）を抑えることが必要となる。この問題を解決するためには，別の角度にもコイルを配置すればよい。例えば，2 組の直交するコイルと四分割された整流子を利用する場合は，図 2.4 のようになり，そのときのトルクは，図 2.5 となる。この場合，コイルの合成されたトルクは，変動するものの 0 とはならず平滑化されている。実際には，より平滑化したトルクを利用する場合には，10 以上のコイルの組を利用する。

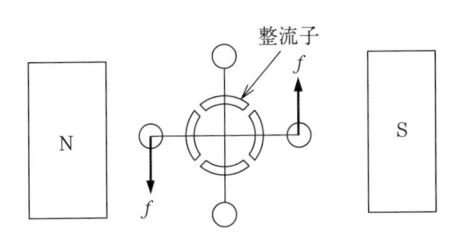

図 2.4　2 組の電機子

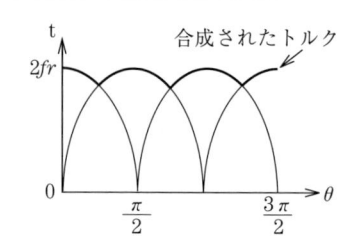

図 2.5 トルクの平滑化

2.3 モータの逆起電力

磁束中を磁束方向と直角方向に移動する導体には，電圧が発生する。これをフレミングの右手の法則と呼ぶ。この場合，発生する電圧 e は

$$e = c\phi v \tag{2.3}$$

となる。ただし，ϕ：磁束，v：速度，c：定数である。

モータについて考えてみよう。モータでは電機子に電圧を加えて電流を与え，この電流と磁束から力が発生し（フレミングの左手の法則），モータにトルクが生み出される。このとき，電機子（導体）が磁束の中で回転運動をしているので，フレミングの右手の法則に従う電圧が発生することになる。それでは，発生した電圧の正負はどのようになるであろうか。もし，電機子に与えた電圧を増加させる方向に，この電圧が加えられると，さらに大きな電流が流れ，大きなトルクが発生できることになる。この操作が繰り返されると，いくらでも大きなトルクが発生できる。これは直感的にもおかしいと気づく。実際は，電機子に与えた電圧と逆方向の電圧を発生し，トルクを小さくする方向に作用する。以上の現象を**逆起電力** (counter electromotive force) と呼ぶ。

ところで，界磁側の磁束を発生する方法としては，永久磁石と電磁石を利用する方法がある。以下では永久磁石を用いる場合を想定し，磁束を一定とする。それゆえ，モータの逆起電力 e_g は

$$e_g = k_e \frac{d\theta}{dt} \tag{2.4}$$

となる。ここで，$d\theta/dt$：角速度，k_e：逆起電力定数である。

したがって，電機子側の回路では次式となる。

$$e_a = R_a i_a + L_a \frac{di_a}{dt} + e_g \tag{2.5}$$

ただし，L_a：電機子コイルのインダクタンス，R_a：電機子抵抗，e_a：電機子電圧である。

式 (2.4) より理解できるように，回転速度（角速度）が大きくなると，電機子の逆起電力が拡大し，電機子電圧 e_a の多くを奪ってしまう。結果的に電機子電流が減少する。一方，トルク τ はフレミングの左手則より磁束（一定値）と電流に比例するので

$$\tau = k_t i_a \tag{2.6}$$

となる。ただし，k_t：トルク定数であり，トルクの脈動は十分に平滑化されて，回転角度 θ によってトルクは変化しないとする。また，このトルク定数は，逆起電力定数と一致する値となる。

結局，トルクを大きくするためには，トルク定数を大きくできるモータを設計するか，電流 i_a を大きくするかになる。電流 i_a を大きくするためには，電機子電圧 e_a を増加すればよい。ただし，トルクの増大によって回転速度が高くなると逆起電力も増大する。それゆえ，トルクを直接制御する必要がある場合には，電機子電圧ではなく，電機子電流を制御する。

2.4　静特性（定常特性）

ここでは，モータが一定速度で回転しているときの特性を考える。一定速度で回転しているときには，発生しているトルクとトルクを抑える抵抗が釣り合った状態となっている。このときトルクは一定値であり，電機子電流 i_a は定数となる。したがって

$$\frac{di_a}{dt} = 0 \tag{2.7}$$

とする。この場合，式 (2.4)，(2.5) より次式を得る。

$$\frac{d\theta}{dt} = \frac{1}{k_e}(e_a - R_a i_a) \tag{2.8}$$

式 (2.8) より，電機子電圧 e_a を大きくすることによって，角速度は大きくなることがわかる。また，トルク τ は

$$\tau = \frac{k_t}{R_a}\left(e_a - k_e\frac{d\theta}{dt}\right) \tag{2.9}$$

で与えられる。したがって，電機子電圧 e_a が一定の場合，始動時に最も大きなトルクが発生し，その後，回転数（角速度）の増加に伴って，比例的に（線形に）トルクが減少する。これは，図 2.6 に示される直流モータの垂下特性としてよく知れている。

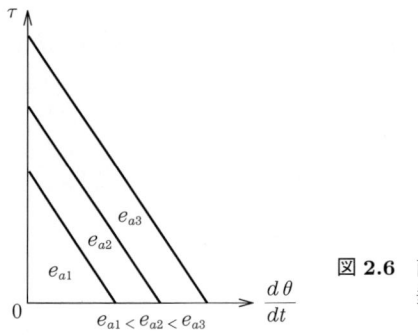

図 2.6 直流モータの垂下特性

2.5 動特性（過渡特性）

つぎに，電流が変化する場合を考える。まず，電機子の機械的特性を次式で与えよう。

$$A\frac{d^2\theta}{dt^2} + B\frac{d\theta}{dt} = \tau \tag{2.10}$$

ここで A：慣性モーメント，B：粘性係数である。

実際には，A は電機子の慣性モーメントであり，B はボールベアリングなど

の部分に存在する粘性や空気の粘性などとなる．詳細な定義は他書に譲るとして，記号演算子としてラプラス変換を利用する．ただし，以下では初期値はすべて 0 とする．式 (2.5) の電機子側の特性は次式となる．

$$E_a(s) = R_a I_a(s) + L_a I_a(s)s + k_e \theta(s)s \tag{2.11}$$

ただし，$E_a(s)$, $I_a(s)$, $\theta(s)$ はそれぞれ e_a, i_a, θ のラプラス変換形である．

式 (2.11) から電流 $I_a(s)$ を求め，式 (2.9) からトルクのラプラス変換形 $\Gamma(s)$ を導き出すと

$$\Gamma(s) = k_t I_a(s) = \frac{k_t}{R_a + L_a s}(E_a(s) - k_e \theta(s)s) \tag{2.12}$$

となる．このトルクが，式 (2.10) と釣り合っているので，ラプラス変換形によって次式を得る．

$$\frac{\theta(s)}{E_a(s)} = \frac{k_t}{L_a A s^3 + (A R_a + B L_a)s^2 + (B R_a + k_t k_e)s} \tag{2.13}$$

式 (2.12) は，電機子電圧 e_a から，角度 θ への動的な関係を伝達関数で示したものとなっている．全体として，電機子電圧から回転角度への特性は三次遅れ系となる．ただし，最高次の $L_a A$ の項が他の項の効果に比べて相対的に小さいと判断される場合は，これを無視して全体を二次遅れ系で近似する場合も多い．

2.6　直流サーボモータ

サーボという用語は，フィードバックとほぼ同義語として用いられる．この場合は，フィードバック系を目的とした直流モータという意味である．フィードバックとしては通常，位置（角度）フィードバック，速度（角速度）フィードバックなどが考えられる．直流サーボモータの利用では，急スタート，急停止などが想定されるので，通常の直流モータよりも，高トルク，低慣性，電気的時定数を小さくするなどの工夫がされている．例えば，電機子電圧に位置フィードバック入力で次式を与えたとする．

$$e_a = k_p(\theta_d - \theta) - k_v \frac{d\theta}{dt} \tag{2.14}$$

ここで，θ_d：目標角度，k_p：位置フィードバックゲイン，k_v：速度フィードバックゲインである。

この入力電圧を式 (2.12) の入力に与えると，次式となる。

$$\frac{\theta_{(s)}}{\theta_{d(s)}} = \frac{k_t k_p}{L_a A s^3 + (A R_a + B L_a)s^2 + (B R_a + k_t k_e + k_t k_v)s + k_t k_p} \tag{2.15}$$

動的な効果が少ないことがサーボモータには求められるので，式 (2.15) の伝達関数の s の高次項にかかる係数が小さく，広い周波数帯域で定数項（または低次項）が支配的となることが必要となる。このように考えれば

(1)　トルク定数を大きくする。

(2)　慣性 A と粘性 B を小さくする。

(3)　インダクタンス L_a，抵抗 R_a を小さくする。

などが必要であることが，ただちに理解されよう。

2.7　電気系と機械系のアナロジー

ここで，モータから少し離れて，図 2.7 に示される一般の回路を考えよう。この場合，回路の特性を示す方程式は次式で与えられる。

$$L\frac{di}{d\rho} + Ri + \frac{1}{C}\int_0^t i d\rho = e \tag{2.16}$$

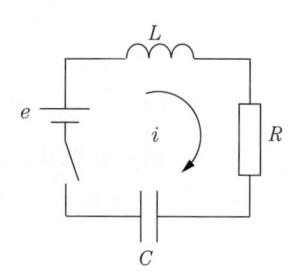

図 2.7　LCR 回路モデル

ただし，L：インダクタンス，R：抵抗，C：キャパシタンス，e：電圧であり，時刻 0 でコンデンサに電荷はないとする。

つぎに

$$q_{(t)} = \int_0^t i d\rho \tag{2.17}$$

と書き換えて次式とする。

$$L\frac{d^2q}{dt^2} + R\frac{dq}{dt} + \frac{1}{C}q = e \tag{2.18}$$

一方，図 **2.8** に示される機械系の運動方程式は

$$M\frac{d^2x}{dt^2} + B\frac{dx}{dt} + Kx = f \tag{2.19}$$

となる。ここに，M：質量，B：粘性係数，K：ばね定数，f：外力であり，時刻 0 では，ばねは自然長にあるとする。

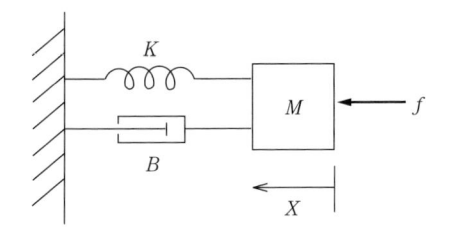

図 **2.8** Mass-Damper-Spring モデル

式 (2.18) と式 (2.19) と比較で，$M = L$，$B = R$，$K = 1/C$ として，電圧と力，電流と速度を対応付けば，これら二つの方程式はまったく同じになる。このことは，機械系と電気系の両方の理解を助けるであろう。機械系の特性を直感的に理解できれば，上記の対応によって，電気系の特性も簡単に理解できよう。

2.8 エネルギー

モータの運動を機械系と電気系のエネルギーから眺めてみよう。まず，界磁側は一定の電流が与えられるとして，電機子の電気的なエネルギーを求める。また，モータは停止している状態から，運動状態に移るとする。電力 W は電流

i_a と電圧 e_a の積で与えられ,式 (2.4),式 (2.5) より,これの時間積分が時刻 T におけるエネルギーとなる。

$$\int_0^T i_a e_a dt = \int_0^T \left(R_a i_a^2 + L_a i_a \frac{di_a}{dt} + i_a k_e \frac{d\theta}{dt} \right) dt \tag{2.20}$$

ここで,式 (2.6),式 (2.10) より,電流 i_a は

$$i_a = \frac{\tau}{k_t} = \frac{1}{k_t}\left(A\frac{d^2\theta}{dt^2} + B\frac{d\theta}{dt}\right) \tag{2.21}$$

となる。式 (2.21) を式 (2.20) 右辺第 3 項に代入し,第 2 項,第 3 項を部分積分を利用して書き換えると,次式を得る。

$$\begin{aligned}\int_0^T i_a e_a dt &= \frac{A}{2}\left(\omega(T)^2 - \omega(0)^2 \right) + \frac{1}{2}L_a\left(i_a(T)^2 - i_a(0)^2 \right) \\ &\quad + B\int_0^T \left(\frac{d\theta}{dt}\right)^2 dt + R_a \int_0^T i_a(t)^2 dt \end{aligned} \tag{2.22}$$

ただし,角速度 $\frac{d\theta(t)}{dt} = \omega(t)$ とした。

式 (2.22) は,モータをエネルギーから見たときに重要な性質を示している。まず,機械的運動エネルギーは右辺第 1 項にある。また,磁気エネルギーは第 2 項となる。第 3 項と第 4 項が機械的と電気的なエネルギー散逸項を意味している。これらの項の機械系と電気系の関係は,2.7 節のアナロジーからも理解され

コーヒーブレイク

回転システムと直動システム

モータのように回転軸によって,動力を発生,伝達する回転システムは,われわれの周りの人工物に多く見られる。一方,直線運動を行う直動システムも空気圧シリンダ,リニアモータなど実用化されているものが多い。生物界に目を転じると,回転システムはほとんど見られず,多くは筋肉の直動システムである。しかも,収縮時のみに力を発生する。例外的に,生物で回転運動をしているものは,バクテリアなどの鞭毛モータである。これは,バクテリアの体の後方にあるモータのような組織が,鞭毛を回転させて螺旋運動を実現して,推進するシステムである。マイクロマシンを人工的に実現する際にも,興味深い生き物である。

よう。第3項と第4項は，熱エネルギーに変化して，運動エネルギーとならない。電気的エネルギーから機械的エネルギーへの効率を高めようとすれば，式(2.22)の第1項以外の項を小さくすることが必要となる。電気系では，インダクタンスと抵抗を小さく，機械系では粘性係数と小さくすることが重要となる。

章 末 問 題

【1】 式(2.9)に示される定常特性のときに，パワー（仕事率）は回転角速度について，どのような関係で表現できるか。また，無負荷状態で最大のパワーとなる回転数はいくらか。

【2】 直流モータの定格トルクはどのように決まるか考えよ。

【3】 式(2.15)において，三次項を無視し，二次遅れ系で近似した場合（$L_a = 0$），固有振動数と減衰係数をモータパラメータ（A, B, R_a, k_t, k_e）やフィードバックゲイン（k_p, k_i）を用いて表現せよ。ステップ応答に対してオーバシュートなし，固有振動数を増加させるためには，どのパラメータやゲイン，どのように調節すればよいか。

3 誘導モータ

3.1　はじめに

　誘導モータは永久磁石を持たないモータであり，**固定子**（ステータ，stator）も回転子もコイルで構成されているため，頑強で保守が容易であるだけでなく安価である。また，固定子に流した電流の電磁誘導作用により回転子に電流が流れてトルクが発生するモータであるため，固定子に交流を印加するだけで駆動することが可能な交流モータである。そのため，商用交流電源に繋ぐだけで自起動が可能なため，一定速用途であれば駆動回路が不要であり，可変速運転はインバータで周波数を変えるだけで容易に実現できる。当然，直流モータのような機械的なブラシは必要ではない。

3.2　誘導モータの駆動原理

　誘導モータの回転子のコイル構造は，図 **3.1** に示されるかご形となっているものが一般的である。実際の回転子の外観を図 **3.2** に示す。この回転子のコイルに電流が流れることにより，磁界が発生し，トルクが発生する。ただし，回転子のコイルに，機械的接触によって電流を与える直流モータとは異なり，固定子の一次側コイルの電磁誘導作用によって，回転子の二次側コイルに電流を発生させる。これが誘導モータの名前の理由である。

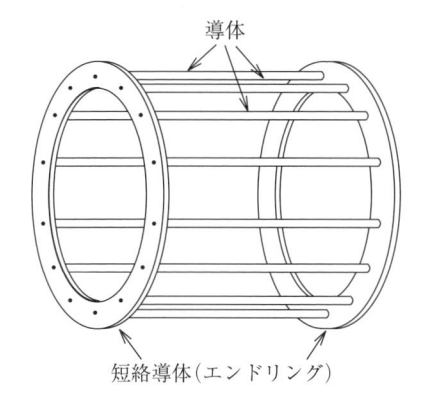

図 3.1 かご形誘導モータ

図 3.2 誘導モータの回転子の外観

図 3.1 の回転子の周りを回転磁界が ω_e の角速度で回転しているとすると，コイルが相対的に磁束を切ることになり，フレミングの右手則から電圧が発生し，コイルに電流が流れる。この電流が回転子コイルに発生することで，磁束との間でフレミングの左手則より力を生み，これがトルクとなる。

3.3 誘導モータの特徴

コイルに誘導電流が発生するためには，回転子の回転速度が回転磁界の回転速度と異なる必要がある。もし，同じ速度となれば，もはや誘導電流は発生しない。回転子の角速度を ω_m，回転磁界の角速度を ω_e とするとき，つぎの S

を滑りと呼ぶ。

$$S = \frac{\omega_e - \omega_m}{\omega_e} \tag{3.1}$$

$S=0$ のとき $\omega_m = \omega_e$，$S=1$ のとき $\omega_m = 0$（静止状態）となる。誘導モータの速度とトルクとの特性は図 **3.3** に見られる。横軸は速度で，滑り S によっても表現できる。この図からもわかるように，$S=0$ の無負荷速度から，ある滑り値までは，滑りにほぼ比例してトルクが増大する。しかし，滑りが大きくなると，急激にトルクが小さくなる。これを直流モータの特性と比較すれば，複雑な特性を持つことがわかる。

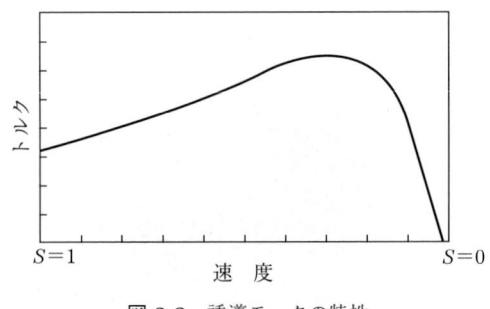

図 **3.3** 誘導モータの特性

3.4 誘導モータの制御

3.4.1 インバータ制御

ここでは，三相誘導モータの可変速制御について説明する。基本的には，三相の誘導モータは三相交流の周波数を変化させれば，回転速度を制御できる。しかし，回転速度は，滑りで変化するので，回転速度の特性は図 3.3 に示したように複雑となる。三相交流の電圧を増加すると，電流が増加し，その結果，回転磁界が大きくなる。これにより，電磁誘導作用によって発生するトルクも大きくすることができる。

交流モータの回転速度を変化させるためには周波数，トルクを変化するために

は電圧（電流）を可変としたい．すなわち，三相交流の周波数と電圧（電流）を可変としたい．そこで，考えられた方法がインバータである．一般にインバータとは，直流を交流に変化することを意味している．

モータのPWMインバータについて説明しよう．一般的に，送電効率のよさから交流が用いられるので，エネルギー源としては交流である．しかし，このままでは送電された周波数を変化できないので，いったん直流に変換する．これを整流（コンバータ）と呼ぶ．整流された直流電圧を図 3.4 に示したPWMインバータ回路で，任意の大きさと周波数の交流に変換する．これは，六つのパワー素子のON-OFFによって，ある周波数と振幅の交流を実現するものである．

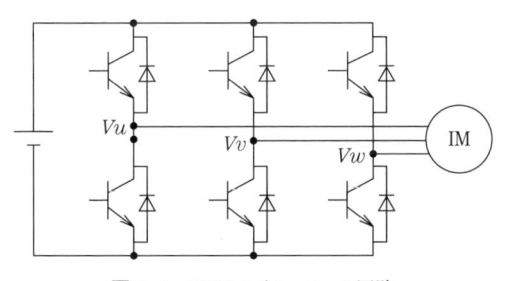

図 3.4　PWMインバータ回路

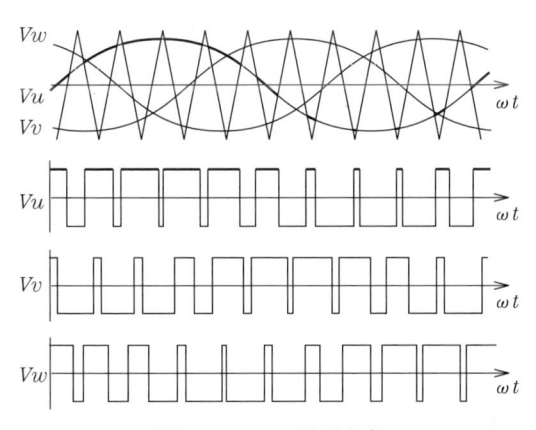

図 3.5　PWM波形生成

一般的なPWMインバータは，図3.5に示すように，望みの電圧波形と三角波とを比較し，電圧波形の方が大きい区間を上側のトランジスタをONし，逆の場合は下側のトランジスタをONすることで，正弦波波形を生成する．図3.6に，PWM電圧波形と，そのときの電流波形のシミュレーション結果を示す．

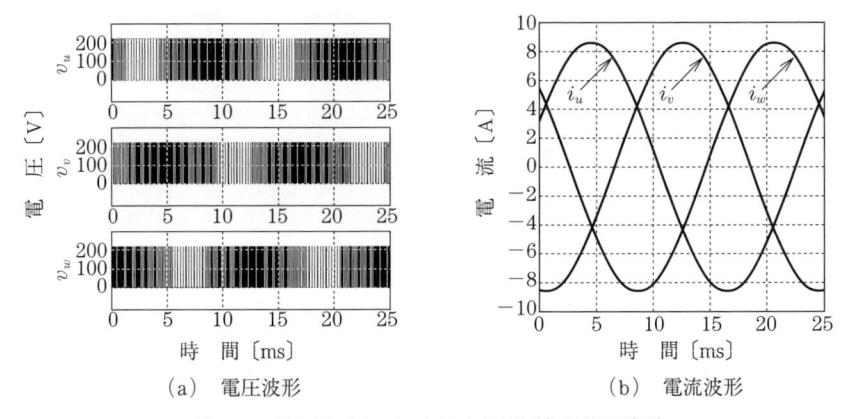

(a) 電圧波形　　(b) 電流波形

図 **3.6** PWMインバータによる電圧と電流の波形

実際の産業用インバータでは，周波数に応じて電圧を変化させる，つまり電圧と周波数の比を一定にして制御するV/f一定制御が一般的である．これは，周波数が高い場合は巻線のインダクタンスの影響で電圧を上げないと電流が流れないのに対し，周波数が低い場合はインダクタンスの影響が少なく，同じ電圧値でも電流が多く流れるからである．

3.4.2 ベクトル制御

通常のインバータ制御では制御が簡単なものの，滑りの影響で精度のよい速度制御が不可能であり，効率も悪く，低速でトルクが出ずに起動トルクが小さくなるといった課題があった．

それを解決するのがベクトル制御である．ベクトル制御の概念は，回転子に磁界を発生させる励磁電流と，実際にトルクを発生させるトルク電流とを分けて制御することにより，あたかも磁石があるように制御するもので，後述するブラシレス直流モータの制御と同様の手法である．

三相誘導モータの電圧方程式は，位相が直交するa相，b相の二相交流モデルに変換すると

$$\begin{bmatrix} v_{1a} \\ v_{1b} \\ 0 \\ 0 \end{bmatrix} = \begin{bmatrix} Z_1 & 0 & M\dfrac{d}{dt} & 0 \\ 0 & Z_1 & 0 & M\dfrac{d}{dt} \\ M\dfrac{d}{dt} & p\omega_m M & Z_2 & p\omega_m L_2 \\ -p\omega_m M & M\dfrac{d}{dt} & -p\omega_m L_2 & Z_2 \end{bmatrix} \begin{bmatrix} i_{1a} \\ i_{1b} \\ i_{2a} \\ i_{2b} \end{bmatrix} \quad (3.2)$$

となる。ただし，$Z_i = R_i + L_i d/dt$である。ここで，添え字の1, 2は，それぞれ一次，二次側のパラメータであることを示しており，Rは巻線抵抗，Lは自己インダクタンス，Mは一次巻線と二次巻線との相互インダクタンスである。また，pは極対数であり極数の半分である。

このように複雑な式ではあるが，ベクトル制御理論を用いて交流電流を，磁界を発生させるための励磁電流I_dと，ブラシレス直流モータと同様のトルクを発生させるトルク電流I_qの二つの直流電流に変換すると，誘導モータの発生トルクτは，次式のようになる[9]。

$$\tau = p\frac{M^2}{L_2} I_d I_q = Constant\, I_q \quad (3.3)$$

┤コーヒーブレイク├

天才のミス？

エジソンといえば，白熱電灯，電信・電話機，蓄音機，発電事業など電気の発展に大きく寄与した人物である。電気がエネルギーや信号の伝達に利用できることがわかり始め，直流と交流のどちらが有用かとの論争が起こった。エジソンは直流にこだわった。しかし，直流には長距離の送電をする際のエネルギー効率が悪いなどの問題があった。一方，ウエスティングハウス社の「電気の神様」と呼ばれたニコラ・テスラは，直流のもつ問題を交流によってすべて解決し，今日の電気エネルギーを基盤とする社会を作った。もともとテスラもエジソンの研究所で働いていた。テスラへの個人的反発が，エジソンの判断を曇らせたと推測されている[11]。

誘導モータのベクトル制御では，一定磁界を作るために，励磁電流 I_d は無負荷時の電流とし，一定値となるように制御する。そのため，誘導モータの場合も，トルクの式は直流モータの直流電流 I の代わりにトルク電流 I_q にするだけで，トルク電流に比例した形となる。なお，トルク電流 I_q は二次交流電流 $i_{2a,b}$ に相当する。一方，誘導モータは先に述べたように滑りがあるため，電気周波数 ω_e は機械周波数 ω_m と滑り周波数 ω_s より

$$\omega_e = p\omega_m + \omega_s \tag{3.4}$$

となり，ω_s は

$$\omega_s = \frac{R_2}{L_2} \cdot \frac{I_q}{I_d} \tag{3.5}$$

と書ける。この式からも，トルク電流 I_q が 0 の場合，滑りは 0 であることがわかる。上記のように，ベクトル制御を用いれば，誘導モータであっても高精度な速度制御やトルク制御が可能となる。しかし，ベクトル制御を行うためにはモータの速度情報が必要となり，従来のインバータの置き換えは不可能である。そのため，最近では電流や電圧から速度を推定し，速度センサを不要とする速度センサレスベクトル制御も提案されており，すでに実用化されている[10]。

章 末 問 題

【1】 誘導形モータの回転子に機械的な負荷が加わった場合に，電磁誘導作用によって，自然にトルクが増加する。この過程をフレミングの右手と左手の法則を用いて説明せよ。

【2】 誘導モータは永久磁石を有するモータ（例えば，後述するブラシレス直流モータ）に比べて効率が悪くなるといわれているが，その理由を説明せよ。

4 ステッピングモータ

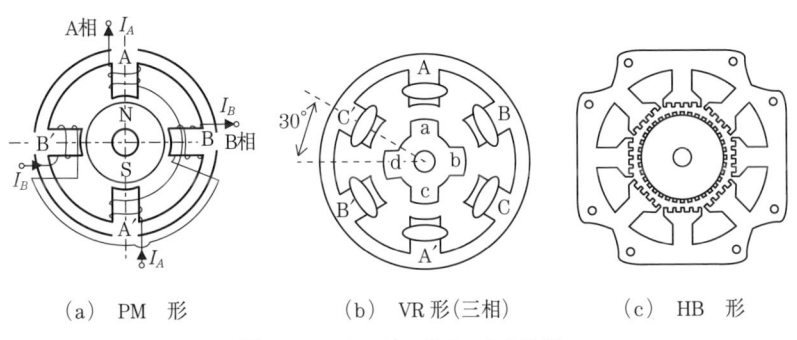

4.1 ステッピングモータの構造

ステッピングモータ(stepping motor)は**パルス**(pulse)信号を送ることによって**回転運動**(rotational motion)を発生するモータである。フィードバック制御(feedback control)が必要なく，安価に計算機やデジタル回路と接続できることから，広く使われている。

ステッピングモータを分類すると**図4.1**のようになる。

(a) PM 形　　　　(b) VR 形(三相)　　　(c) HB 形

図 4.1　ステッピングモータの分類

PM（永久磁石, permanent magnet）形は，回転子が永久磁石でできており，ステップ角が大きい，構造が簡単，安価，**励磁**(excitation)されていないときにも角度保持できるという特徴を持つ。

VR（可変リラクタンス，variable reluctance）**形**は，回転子と固定子がピッチ(pitch)のずれた歯を持った構造をしており，固定子に設けられた**巻線**(coil)を順次励磁していくことによって隣り合う回転子の歯がつぎつぎと吸引されて回転運動を行う。**分解能**(resolution)が高いという長所を持つ。

HB（複合，hybrid）形は回転子に永久磁石を使用する点ではPM形と同じであるが，回転子と固定子の両方に多数の小歯が切られた構造をしているため，分解能が高く，トルクが大きいという特徴を持ち，この方式は多くのステッピングモータに採用されている。

これらの比較を表4.1に示す。

表4.1 各種ステッピングモータの比較[12]

方　式	PM 形	VR 形		HB 形
ステータの構成	プレス成形	多層型	単層型	単層型
ステップ角	$7.5 \sim 90°$	$0.36 \sim 15°$	$0.9 \sim 15°$	$0.9 \sim 7.5°$
トルク	小	大	中	中～大
駆動周波数	小	大	中	中

4.2　ステッピングモータの特徴

ステッピングモータの長所はつぎの点にある。

(1) 入力パルス数に比例した回転角度，入力パルス周波数に比例した回転速度が得られる。

(2) フィードバックが必要なく，オープンループで**位置決め制御**(position control)を容易に行うことができる。

(3) ブラシなどの機械的接触部がないため，保守が容易で長寿命である。

(4) 計算機やディジタル回路による制御が容易で安価である。

逆に，欠点は

(1) **トルクリップル**(torque ripple)が大きく，**力制御**(force control)が行えない。

(2) 負荷(load)が大きい場合にパルスどおりの運動を行えないことがある。

(3) 共振現象(resonance)が発生して出力トルクが減少したり逆転現象が起きることがある。

(2)の現象は**脱調**(脱同期, step-out あるいは desynchronization)と呼ぶ。また, (3)の共振現象の対策として, 回転子の**固有振動数**(characteristic frequency)を変化させる, **粘性抵抗**(viscosity resistance)を大きくする, 入力パルス周波数を変える, などが行われている。

4.3　ステッピングモータの励磁法

図 4.1 (b) の VR 形モータについて, その動作を考えてみる。最初, A, A' の巻線が励磁されているときには, A と a, A' と c が吸引し合って図の状態を保っている。つぎに, A, A' が OFF になり, B, B' が励磁されると, B と b, B' と d が吸引し合い, 回転子は反時計方向 (counterclockwise) に 30°回転する。同様にして, A → B → C → A と励磁を切り替えていくことによって 30°

(a)　一相励磁

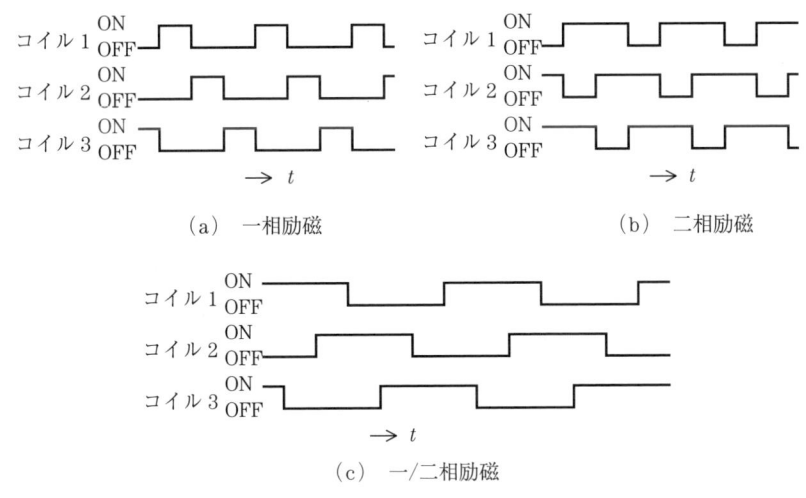

(b)　二相励磁

(c)　一/二相励磁

図 4.2　三相ステッピングモータの励磁タイミングチャート

ずつの連続した回転運動を行う。

これは同時に1組の巻線のみを励磁する方式で，**一相励磁** (one-phase excitation) と呼ばれる。これに対して図 **4.2** (b) のように同時に 2 組を励磁し，それをシフトさせていく方式を**二相励磁** (two-phase excitation) と呼ぶ。二相励磁は一相励磁と比べて，トルクが大きく安定性が高い，消費電力 (electricity consumption) が大きいという特徴を持ち，広く使われている。図 (c) のように，一相励磁と二相励磁を交互に行う方式を一/二相励磁と呼ぶ。この方式は，分解能が高く，振動 (vibration) が発生しにくいという特徴を持つ。

4.4 ステッピングモータの特性

図 **4.3** はステッピングモータの回転速度（velocity，パルス速度：pulse rate) - トルク特性を示したものである。運動に必要なトルクは必ずこの曲線より小さくなければならない。これを超えると，回転子の回転と固定子の励磁との間の同期がはずれ，回転できなくなる（脱調，脱同期）。ただし，この曲線は**無負**

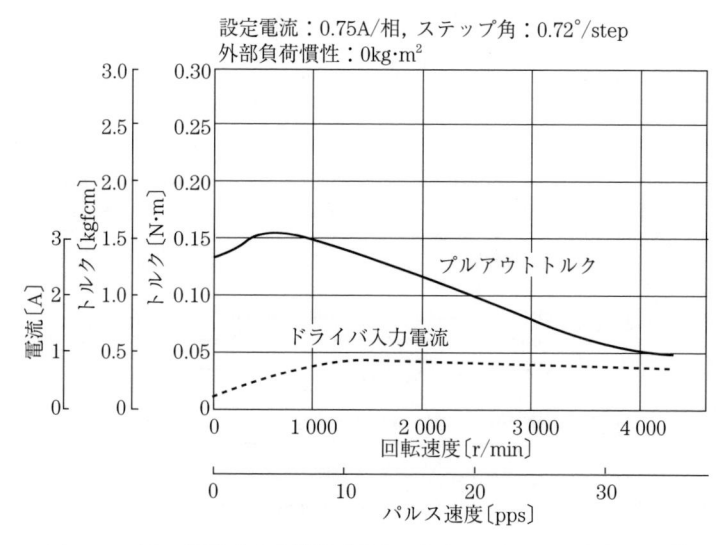

図 **4.3** パルス速度-トルク特性〔出典　オリエンタルモータカタログ〕

荷 (no-load) 状態で，かつ，きわめて緩慢に加減速 (acceleration-deceleration) を行うという最良の条件の下での特性であり，機械に組み込まれたときには必ずしもこのとおりにはならない。そのため，トルクや速度に余裕を持った設計が必要である。

無負荷の条件下で，モータが脱調なしに瞬時に起動・停止することができる最大のパルス周波数 f を**最大自起動周波数**(maximum start-stop pulse rate) と呼ぶ。**慣性負荷**(inertial load) がある場合には，最大自起動周波数は次式に従って低下する。

$$f = \frac{f_s}{\sqrt{1 + J_L/J_0}} \tag{4.1}$$

ただし，f_s: 無負荷状態時の最大自起動周波数，J_0: 回転子の**慣性モーメント**(moment of inertia)，J_L: 負荷の慣性モーメントである。

章 末 問 題

【1】 ステッピングモータの欠点として本書で挙げられた3点について，その理由を考察せよ。

【2】 無負荷状態で緩慢な加減速の場合，なぜ脱調が起きにくいのかを考察せよ。

5 ブラシレス直流モータ

5.1 ブラシレス直流モータの特徴

直流モータは
(1) トルクが電流に比例するため制御が簡単
(2) 直流を扱うため制御回路も簡単で低コスト

などの特徴を持ち，機器設計時のトルク計算や駆動回路設計などが容易である。しかし，ブラシの接点から生じる以下の問題がある。

(1) 引火性の雰囲気では爆発の危険がある。
(2) 接点の磨耗からモータの寿命が短い。
(3) 磨耗を予想して，定期的な接点の点検が必要となる。

ブラシレス直流モータとは，直流モータの課題であった機械的なブラシの代わりに，固定子巻線に流す電流の極性を電気的に変化させることで，トルクの発生を可能にしたものである。そのため，ブラシレス直流モータを駆動するには，回転子側に取り付けられた永久磁石の磁極の位置を検出する必要があることと，駆動回路が複雑で高価となるといった課題があった。しかし，最近のパワーエレクトロニクス技術やLSI，マイコンなどの半導体技術の発達によって，このような課題もしだいに克服され，最近では民生用にもブラシレス化が普及している。なお，ブラシレス直流モータと永久磁石同期モータを区別することもあるが，本書ではモータ構造が同じであるため特に区別はしない[14]。

5.2 ブラシレス直流モータの駆動原理

ブラシレス直流モータのインナロータ形の構造は，回転子は永久磁石で構成され，図 5.1 に見られるように，外側の固定子にコイルが巻かれている。なお，アウタロータ形の場合は，永久磁石で構成された回転子の内側に固定子のコイルがある。なお，近年，効率を最重視するために，永久磁石を回転子に埋め込むことでリラクタンストルクも併用することを可能とした埋込磁石形も実用化されているが，ここでは永久磁石を回転子の表面に取り付ける一般的な表面磁石形について解説する。

図 5.1 ブラシレス直流モータの固定子

ブラシレス直流モータの回転原理を説明するために，図 5.2 の二相モータのモデルで考えると，左図の釣合い位置の状態で外側の固定子巻線の電流を増加させても永久磁石を有する回転子に回転トルクは発生しないが，位相を 90° 進めると回転トルクが発生する。回転子の磁石が回転するにしたがって，位相差 90° を保ちながら外側の固定子巻線電流の位相を進めてやれば磁力によって回転し続けることになる。つまり，回転子と固定子巻線電流を同期させて駆動させればよい。したがって，ブラシレス直流モータを駆動するには回転子の磁極位置情報が必要となる。

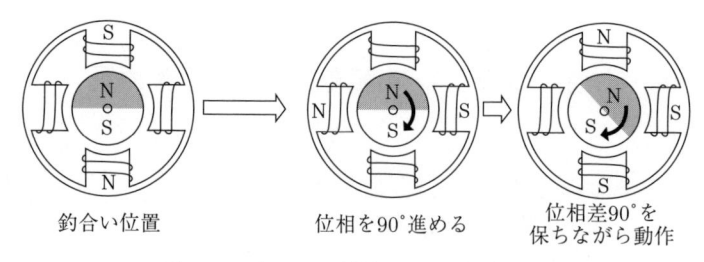

図 5.2　ブラシレス直流モータの駆動原理

　ここでは説明を簡単にするために二相モータで解説したが，実際には三相のコイルで構成される三相モータが一般的である．それは，二相モータの場合にはパワートランジスタなどのパワー素子が八つ必要なのに対し，三相モータの場合，図 5.3 に示すように，モータ巻線をスター結線あるいはデルタ結線としてモータパワー線を 3 本にすることで，パワー素子の数を六つに減らすことができるからである．

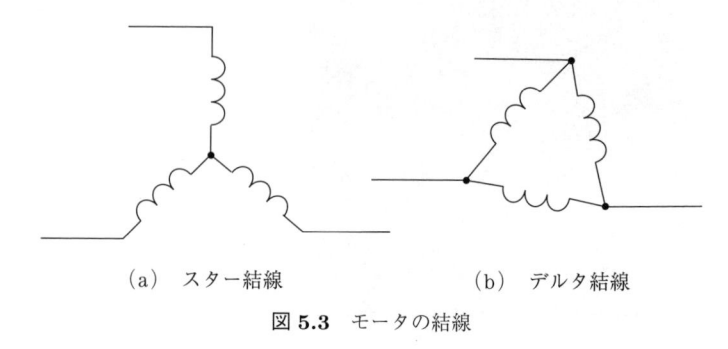

（a）スター結線　　　（b）デルタ結線

図 5.3　モータの結線

5.3　ブラシレス直流モータの制御

5.3.1　矩形波駆動

　ブラシレス直流モータを最も簡単に駆動するには，図 5.4 に示すように回転子の磁極位置情報を検出する三相分の**磁極位置センサ**（commutation sensor）CS1, CS2, CS3 からの信号に応じてモータ巻線への印加電圧 v_u, v_v, v_w を

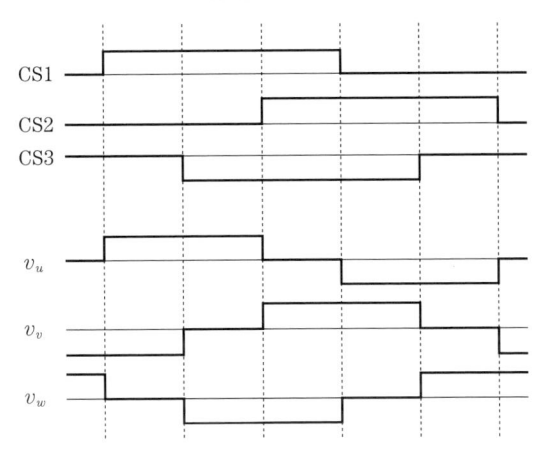

図 **5.4** 磁極位置センサと矩形波駆動波形

変化させる 120° 通電（交流電流位相の 120° 区間だけの通電）の矩形波駆動である。この場合，センサは磁極位置センサだけでよく，駆動回路も低コストで実現可能である。ただし，この方式では，モータの磁極位置と巻線電圧とを同期させているため，巻線電流との位相は一致しておらず最適位相ではない。なぜなら，モータの持つインダクタンスの影響で，特にモータ回転数が高くなればなるほど電圧と電流位相が一致しないためである。そのため，印加電圧を検出した磁極位置よりも駆動電圧の位相を進ませて電流位相と磁極位置とが一致するように制御し，高効率化を図る場合がある。これを進角制御と呼ぶ。

5.3.2 正弦波駆動

矩形波駆動の場合は低コストで実現できるものの，位相切り替え時の振動・騒音が大きいだけでなく，位相情報が粗いため低速域で安定して駆動できないといった課題がある。しかし，最近では半導体技術の進歩にも助けられ，民生用途でも正弦波駆動に置き換わってきている。ブラシレス直流モータを正弦波駆動で制御するには，通常，交流を実現するために PWM インバータ制御を行い，その電流の位相は，先に述べたように回転子の磁極の位置に同期させ，電流の振幅はベクトル制御の考え方が必要となる。ベクトル制御の考え方の基本

は，ブラシレス直流モータのように交流モータを扱う際に，交流量を直交する d 軸 (direct axis) と q 軸 (quadrature axis) の 2 軸の直流量で考察することを可能としたものである．図 **5.5** の左図の回転トルクは発生しない軸の電流を d 軸電流または励磁電流と呼び，位相を 90° 進めた回転トルクを発生する軸の電流を q 軸電流またはトルク電流と呼ぶ．

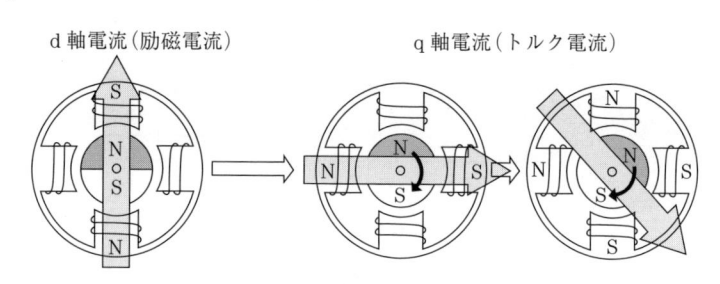

図 **5.5** d 軸電流と q 軸電流

先にも述べたように，パワー素子の数が減ることから，交流モータのほとんどが三相モータであるが，二相モータのほうが理論的な議論は容易であるため，制御アルゴリズム上は，図 **5.6** のように，三相モータを取り扱いの簡単な二相モータとして考察する．この変換は，次式の三相/二相変換で変換できる．

$$\begin{bmatrix} i_a \\ i_b \end{bmatrix} = \frac{\sqrt{2}}{\sqrt{3}} \begin{bmatrix} \cos 0 & \cos \frac{2\pi}{3} & \cos \frac{-2\pi}{3} \\ \sin 0 & \sin \frac{2\pi}{3} & \sin \frac{-2\pi}{3} \end{bmatrix} \begin{bmatrix} i_u \\ i_v \\ i_w \end{bmatrix}$$

$$= \frac{\sqrt{2}}{\sqrt{3}} \begin{bmatrix} 1 & \frac{-1}{2} & \frac{-1}{2} \\ 0 & \frac{\sqrt{3}}{2} & \frac{-\sqrt{3}}{2} \end{bmatrix} \begin{bmatrix} i_u \\ i_v \\ i_w \end{bmatrix} \quad (5.1)$$

ここで，i_u, i_v, i_w はそれぞれ三相モータの三つの相である u, v, w 相に流れる交流電流で，v_u, v_v, v_w はそれぞれ u, v, w 相に印加する交流電圧である．また，i_a, i_b はそれぞれ二相に変換した二つの相である a, b 相に流れる交流電流で，v_a, v_b はそれぞれ a, b 相に印加する交流電圧である．

5.3 ブラシレス直流モータの制御

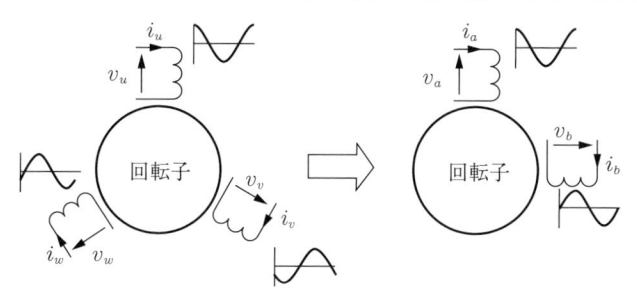

図 5.6 三相/二相変換

　この三相/二相変換によって変換された二相交流を，図 5.5 のように，回転する回転子上の回転座標系で考えてみる．すると，回転トルクが発生せず，保持トルクだけとなる d 軸電流，すなわち励磁電流 I_d と，保持トルクは発生せず，すべてが回転トルクとなる q 軸電流，すなわちトルク電流 I_q に分けて考察することが可能となる．これが，いわゆる dq 理論で，ベクトル制御の本質の部分である．この二相交流を，dq 軸の直流電流に変換する dq 変換の式が次式である．

$$\begin{bmatrix} I_d \\ I_q \end{bmatrix} = \begin{bmatrix} \cos\theta_e & \sin\theta_e \\ -\sin\theta_e & \cos\theta_e \end{bmatrix} \begin{bmatrix} i_a \\ i_b \end{bmatrix} \tag{5.2}$$

ここで，θ_e は交流電流の位相を表すもので電気角と呼ばれる部分である．これはモータの極数によって考慮すればよく，モータが実際に回転した角度である機械角に極数の半分の極対数を乗じた角度である．例えば，4 極のモータであれば，極対数は 2 であるから，その場合の電気角は機械角の 2 倍の値である．

　このとき，ブラシレス直流モータの dq 軸の電圧 V_d, V_q を表す dq 軸での電圧方程式は

$$\begin{bmatrix} V_d \\ V_q \end{bmatrix} = \begin{bmatrix} R + L\dfrac{d}{dt} & -\omega L \\ \omega L & R + L\dfrac{d}{dt} \end{bmatrix} \begin{bmatrix} I_d \\ I_q \end{bmatrix} + \begin{bmatrix} 0 \\ \psi\omega \end{bmatrix} \tag{5.3}$$

となる．ここで，L はモータの自己インダクタンスである．この式からブラシレス直流モータは複雑に見えるが，モータの発生トルク τ は

$$\tau = \psi I_q \tag{5.4}$$

となり，トルクの式は直流モータの直流電流 I の代わりにトルク電流 I_q にするだけで同じとなる。すなわち，トルクに応じてトルク電流 I_q を制御してやればよく，トルクを発生しない励磁電流 I_d は 0 になるように制御すればよい。

5.4　AC サーボモータ

AC サーボモータは DC サーボモータと同様に，フィードバック系を目的とした交流モータのブラシレス直流モータであり，位置（角度）や速度（角速度）をフィードバックするためにエンコーダなどの位置センサが取り付けられている。このエンコーダも年々高分解能化が進んでおり，モータ 1 回転当り 10 万パルス以上の高分解能タイプが普及している。DC サーボモータと制御面で大きく異なるのは，5.3.2 項で述べた dq 軸での電流制御であるベクトル制御である。この電流制御ブロックのブロック図は図 5.7 のようになる。なお，巻線電流は三相巻線構造が図 5.3 のようにモデル化できるため，キルヒホッフの法則により三相の巻線電流の総和は必ず 0 になる。そのため，電流検出は三相のうちの任意の二相でよく，検出していない相の電流は他の二相電流から簡単に求められる。

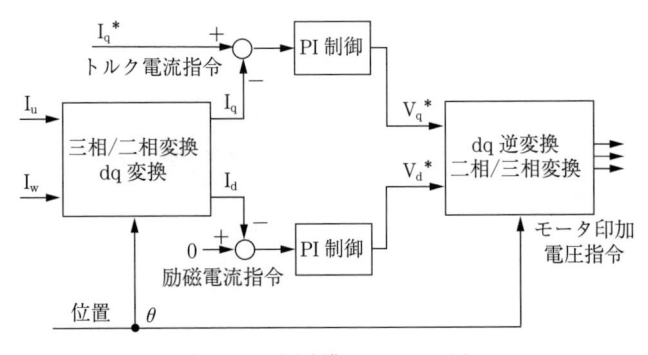

図 5.7　電流制御のブロック図

このように，ブラシレス直流モータであっても，ベクトル制御を用いることで，DC モータと同じトルク指令を介して位置や速度フィードバック制御部と

つなげることが可能であり，位置や速度フィードバック制御部分は等価である。そのため，最近ではブラシが不要という利点から AC サーボモータが主流となっている。最近の AC サーボモータとサーボアンプの外観を図 5.8 に示す。

図 5.8　AC サーボモータとサーボアンプの外観

希土類磁石の採用や図 5.9 に示すような CAE を用いた磁気回路の最適設計，さらには分割巻線工法による巻線の占積率向上などにより，モータの永久磁石やコイルなどの構造上発生してしまうトルク変動を低減させるとともに，モータ自体の小形化を実現している。また，マイコンや LSI，パワー素子などの半導体技術の進歩により，サーボ性能を示す速度の周波数応答は 1kHz を超え，使

図 5.9　CAE を用いた磁気回路の最適設計

いやすさの面でもネットワーク対応やモータセット機器の振動を自動抑制する制振制御といった機能が盛り込まれているだけでなく，アンプの大きさも小形化が実現されている。

また，最近では駆動回路と一体形で構成され，しかも光学式エンコーダを使わずに位置決め制御が可能な回路一体形ブラシレスモータも開発されている。一般産業用途でも，使いやすさやコストの面だけでなく高効率化の流れにも乗り，従来の誘導モータからブラシレス直流モータへの置き換えがますます進むと考えられる[15]。

章 末 問 題

【1】 式 (5.1) の三相/二相変換において，係数の $\sqrt{2}/\sqrt{3}$ の意味を説明せよ。
【2】 dq 逆変換，二相/三相変換の変換式を求めよ。

6 空気圧アクチュエータ

6.1 はじめに

　空気圧の利用について整理すると，以下の三つに分類される。すなわち，(1) 風力など空気の流れを利用するもので，空気搬送装置などに応用されているタイプ，(2) 真空を利用し，吸着パットや壁面移動ロボットなどに応用しているタイプ，(3) 空気を圧縮させたときのエネルギーを利用するもので，力制御や位置決めなどの駆動機構へ応用されているタイプである。
　このように，空気圧が利用されているのは，以下のメリットが理由として挙げられる。
　(1) 空気の圧縮性を利用した柔軟駆動が可能である。
　(2) エネルギーの蓄積が容易である。
　(3) 過負荷に強い。
　(4) 微妙な力制御が可能である。
　(5) 出力/重量比が高く，小形化が容易である。
　(6) 低コストである。
　(7) 使用しやすい。
　これらの理由から，産業現場において空気圧アクチュエータは数多く利用されている。しかしながら，摩擦力変動の影響を受けやすく，空気圧の圧縮性により高精度な位置制御は，他のアクチュエータに比べ難しいといわれていた。こ

の問題に対し，近年，空気圧ベアリングを用いた高精度位置決め装置が開発されている。また，各種制御則の適用により，位置および力制御性能が向上している。また，圧縮性利用による**柔軟駆動**(flexible drive)が容易など，空気圧本来のメリットを活かした利用方法の検討も多くなされている。具体的には，柔らかさを利用することにより，人間に対し危害を加えにくいと考えて，人間との接触を伴う作業などへの利用も検討されている。

本章では以下，現在産業界で使用されている各種空気圧アクチュエータについて説明する。

6.2 空気圧駆動システム

6.2.1 空気圧駆動システムの概要

空気圧アクチュエータを使用する場合の基本的な空気圧駆動回路[16]の一例を図 **6.1** に示す。

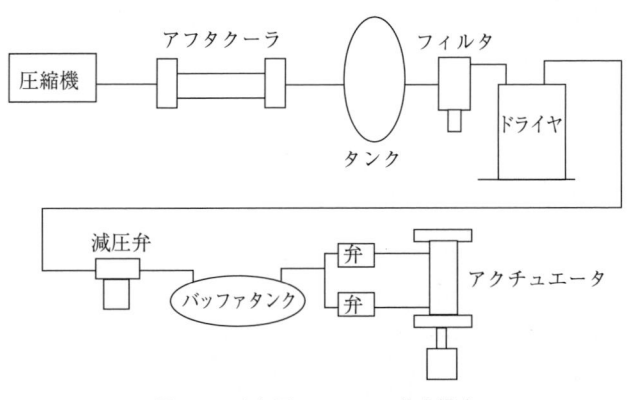

図 **6.1** 空気圧システムの基本構成

1) まず，機械的パワー（トルク×角速度）を空気圧パワー（圧力×流量）に変換する**圧縮機**（compressor）により空気を圧縮する。
2) このとき，空気温度が上昇し，このまま空気を使用すると**シール**(seal)の劣化などの問題を引き起こすこととなることから**アフタクーラ**(after air

conditioner)により冷却する。
3) そして，冷却された空気は，一定容量のタンクに充填される。このタンクにより，圧縮機で生じた空気の脈動が吸収され，末端のアクチュエータの負荷変動に対しても安定した空気の供給を行うことができる。また，停電時においても緊急作動に利用できる。
4) 圧縮された空気には，微細なゴミを含んでいる。そこで，不純物を除去するために，フィルタを通す。末端で使用するアクチュエータの利用目的によって，除去可能なゴミの大きさが決まる。例えば，クリーンルーム内で使用する場合は，$0.01\,\mu m$のゴミを除去可能なフィルタを使用する。
5) 冷却され充填された空気は，湿気を有することから，乾燥させるためにエアドライヤ(air drier)を利用する。エアドライヤには，乾燥剤式と冷凍式があり，乾燥剤式はシリカゲルなどの固体吸収剤を用いて水蒸気を吸収する。それに対し，冷凍式は，エアドライヤのクーラ部によって熱を奪って冷却し，水分を凝縮する。そして，凝縮された水分はオートドレンから自動的に排出される構造となっている。現在は，冷凍式が一般的に用いられている。
6) つぎに，タンクに充填された高圧空気を，それぞれの末端におけるアクチュエータで必要とする一定の供給圧力に調整する**減圧弁**(pressure regulator)を使用する。一般には，減圧弁に続いて，小形のバッファタンク(buffer tank)を接続する。これにより，アクチュエータの駆動に伴う供給圧力の調整や圧力変動を抑えることができることから，安定したアクチュエータの駆動が可能となる。
7) 制御弁が接続され，末端部のアクチュエータを駆動させる。

以上に述べた空気圧システムで使用される機器をまとめてみると，圧縮機，アフタクーラやフィルタなどの圧縮空気浄化機器，減圧弁などの空気圧補助機器，アクチュエータの動作を制御する比例弁などの方向制御機器，それに，シリンダやモータなどのアクチュエータに分けられる。

空気圧システムを設計する際に重要なことは，アクチュエータと制御弁の最

適な組み合わせである。また，アクチュエータに対し，設定された空気圧を充分供給できるようにタンク容量を決めなければならない。現在は，パーソナルコンピュータ上で最適な組み合わせが選べるソフトウェアも開発されている。さらに，アクチュエータによって複雑な動きを実現するためには，各種センサや制御装置を付加しなければならない。

6.2.2 空気圧駆動の原理と特徴

空気圧アクチュエータは，圧縮空気を用いて，直線，回転，揺動運動などの機械的な仕事を行う機器である。また，空気圧アクチュエータは，現在，省力化・自動化機器として幅広く利用されている。しかしながら，負荷変動によって速度が変化しやすく，位置制御も油圧に比べて難しいという問題がある。最近では，ブレーキ付シリンダも開発され，位置・速度制御に関してもソフト・ハードの両面からの検討がなされている。

空気圧の特徴について，油圧，電気方式との比較を含め，特徴を詳しく述べる。

(1) 空気圧縮機や管路内の圧力損失など，エネルギー効率が他のアクチュエータ利用に比べ低いという問題がある。

(2) 圧縮性流体であることから，油圧アクチュエータのようにサージ圧（油の流れを急速に止めた場合に生ずる過渡的な高い圧力）を発生することがない。そのため，理論出力以上の力を発生することがなく，過負荷防止装置を必要としない。

(3) 空気に圧縮性があることを利用して，タンクにエネルギーを蓄圧でき，高速動作や緊急作動が可能である。また，圧縮機の吐出量を超えた空気消費量に対しても，タンクを用いることによって利用が可能となる。タンクに充填可能な最大圧力は，高圧ガス取締法の関係から 1 MPa 以下となっている。

(4) 空気は，油に比べて粘性や慣性が小さいことから，圧力損失が少ない。そこで，広範囲に渡って配管をすることが可能である。

(5) 電動モータによって直線運動を実現する場合，複雑な機構となる。しか

し，空気圧シリンダを利用する場合は簡単な機構となり，設計の自由度も大きくなる。

(6) 空気圧モータは，電動モータに比べ，トルク，速度の調整が簡単にできる。

(7) 空気の圧縮性のため，回転速度は負荷の影響を受けやすい。しかし，負荷が大きくなると自然に停止し，電動モータのような焼き付きの心配がない。

(8) 空気圧アクチュエータの出力を出しながら端面に押し付けて停止することが可能である。

(9) 空気圧モータは，摺(しゅうどう)動部の摩擦力が圧縮空気の断熱膨張により冷却されるので，発熱が少ない。

6.3 空気圧駆動アクチュエータ

現在，工場などで使用されている空気圧アクチュエータを分類したものを図 **6.2** に示す。空気圧アクチュエータは，大きく分けて，空気圧シリンダ，空気圧モータ，揺動形アクチュエータの三つに分類される。

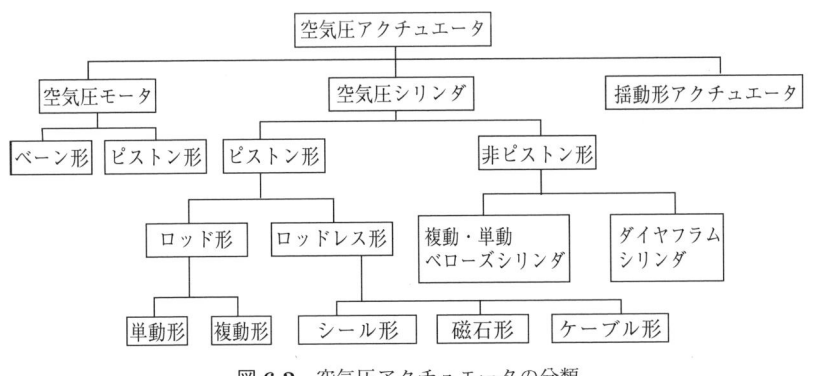

図 **6.2** 空気圧アクチュエータの分類

6.3.1 空気圧シリンダ[17), 18)]

空気圧アクチュエータとして一般によく使用されるのは，空気圧シリンダである。シリンダは，大きく分けてピストン形と非ピストン形に分けられる。また，両方のタイプとも複動形と単動形がある。

複動形は，二つの圧力室（シリンダ室）があり，圧力室間の圧力差によりピストンが往復運動するタイプである。それに対し，単動形は圧力室は一つだけで，一つの圧力室の圧力によりピストンを一方向へ駆動し，逆方向にはシリンダ室に内蔵するばねや外力により駆動されるタイプである。

さらに，ピストン形の場合，ロッドの有無および形態により，片ロッドシリンダと両ロッドシリンダ，およびロッドレスシリンダに分けられる。また，ロッドレスシリンダは，ピストン方式，磁石方式，ケーブル方式に分類される。ここで，ロッドレスシリンダは，摺動部の摩擦力がロッドシリンダよりも大きい欠点がある。しかし，ピストンロッドにおける座屈の問題がないため，長いストロークの利用が容易である。また，シリンダの速度は，最大 500 mm/s までとするのが一般的である。逆に，低速の場合，20 mm/s 以下においては**スティックスリップ現象**(stick-slip phenomenon) が生じる危険性がある。しかしながら，最近では，低摩擦シリンダも開発され，低速駆動も可能となっている。

6.3.2 揺動形アクチュエータ[19)]

揺動形アクチュエータは，出力軸の回転角度が制限されているタイプのアクチュエータであり，決められた角度を回転往復運動する。回転運動に変換する構造としては，ベーンに作用する圧縮空気の力を回転軸に直接伝えることによりトルクを得るベーン形と空気圧シリンダのピストンの直線運動を回転運動に変換しトルクを得るピストン形に大別される。ここでは，一般によく使用されるベーン形について説明する。

ベーン形は，円筒形のケーシング（空気の流路を形成する胴殻部）内に固定壁が設けられている。そして，出力軸に取り付けられたベーンに空気が作用し回転力を得るものである。ベーンの数により**シングルベーン形**(single vane shape)

とダブルベーン形(double vane shape)があり，ベーンの数が多くなるほど，揺動角度は小さくなる（シングルベーン形：270〜300°，ダブルベーン形：90〜120°）。しかし，トルクは，大きくなる利点がある。シングルベーン形の動作原理を図 **6.3** に示す。ポート A から空気が供給され，ベーン部に力が作用する。その結果，出力軸は時計方向に回転し，ポート B から圧力室内の空気が排気される。最高使用頻度としては，一般的に，200〜300 cycle/min 程度である。

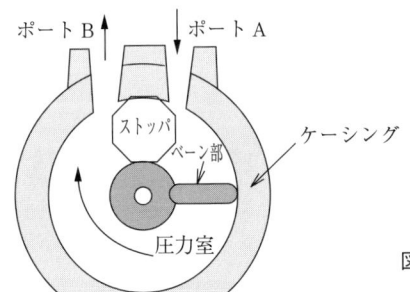

図 **6.3** シングルベーン形揺動形アクチュエータの動作原理

6.3.3 空気圧モータ[20]

空気圧モータは，圧力エネルギーを回転エネルギーに変換するアクチュエータであり，動作原理から容積形と速度形に大別される。容積形は，一般産業用として使用され，圧縮空気の圧力エネルギーを利用している。それに対し，速度形は，超高速回転用に使用され，圧縮空気の速度と圧力のエネルギーを利用するものである。ここでは，制御用モータとして図 **6.4** に示すベーン形およびピストン形について解説する。

（1）ベーン形空気圧モータ　ベーン形空気圧モータは，ベーンの間に流入した空気によって回転子が回転する機構である。すなわち，圧縮空気がベーン，ケーシング，回転子に囲まれた圧力室内に充填されると，回転子の偏心によって生じているベーンの受圧面積の差により回転トルクが生じる構造となっている。高速回転が可能であるが，トルクが小さい問題がある。回転数が 500 rpm 以下でこのモータを使用する場合は，減速機を組み込むことにより安定化を図って

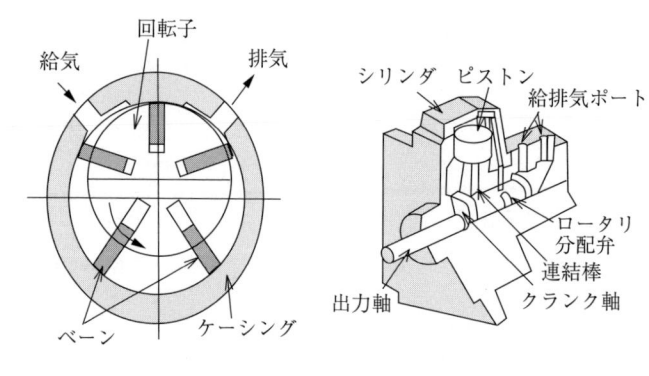

(a) ベーン形空気圧モータ　　(b) ピストン形空気圧モータ

図 **6.4**　空気圧モータ

いる。図 6.4(a) に示す非膨張形は，圧縮空気を膨張させずに使用する方法であり，数枚のベーンが回転子のスロットに挿入されている。また，回転子の回転中心は，ケーシングの中心部から偏心しており，回転子が回転するとベーンが半径方向に出入りし，ベーンがケーシングとすれて回転する。ベーンが回転子から飛び出す力は，遠心力を利用するタイプとばねや空気圧によりベーンを外側に押し出すタイプがある。

(2) ピストン形空気圧モータ　　ピストン形空気圧モータは，圧縮空気をピストン部分に作用させることにより，ピストンの上下運動をカムやクランク軸を介してモータ軸の回転運動に変換させる機構である。ベーン形空気圧モータに比べ，始動トルクがすぐれ，低速回転を必要とする用途に使用される。図 6.4(b) にピストン形空気圧モータを示す。

空気圧モータ[21]の特性を明らかにするために，(1) トルクと回転数，(2) 出力と回転数，(3) 空気消費量について述べる。一般に，空気圧モータの性能曲線は，図 **6.5** に示すようになる。モータに対して無負荷時にはトルクが 0 となり，モータは最高回転数で回転する。そして，トルクと回転数はたがいに反比例の関係にあることから，負荷の増大に伴い，トルクも増大し回転数が直線的に減少する。そして，負荷とトルクが釣り合ったときに，モータは停止する（停止トルク）。また，モータが始動するときのトルクを始動トルクといい，始動ト

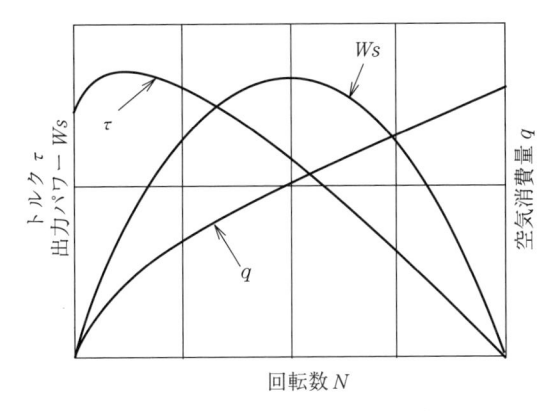

図 6.5　空気圧モータの特性曲線

ルクは停止トルクの約 80 % である。

　最大出力時の回転数を**定格回転数**(rated speed) といい，空気圧モータの性能は，定格回転数のときのトルクと出力によって表される。また，出力は，回転数に対し，釣り鐘状になり，無負荷時の最大回転数の約 1/2 における回転数で最大出力を示す。

6.3.4　ゴムアクチュエータ

　これまで述べてきた空気圧アクチュエータは，ケーシング（空気の流路を形成する胴殻部）が剛体でできているものであったが，ケーシングの素材にゴムを使用したアクチュエータもある。これらのアクチュエータは，ケーシング部が柔らかいことから，ゴムアクチュエータと総称され，代表的な物として，以下に述べるアクチュエータがある。

　空気圧駆動ゴム製アクチュエータ（通称：ゴム人工筋アクチュエータ）は，一般的に**図 6.6** に示す構造となっている。すなわち，網状に編んだスリーブでゴムチューブを覆い，両端を金具などで固定した構造である。そして，ゴムチューブ内を加圧すると半径方向に膨張し，円周方向の張力が繊維の力変換作用によって，軸方向の収縮力に変換される。

　これを応用して，二つの空気圧駆動ゴム製アクチュエータをチェーン，プー

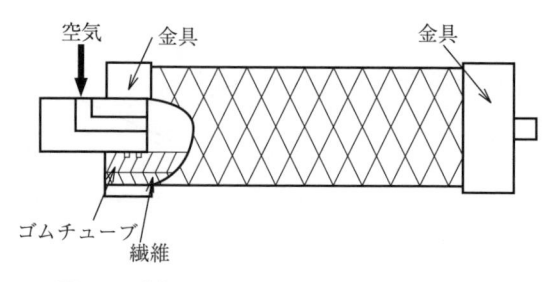

図 **6.6** 空気圧駆動ゴム製アクチュエータの構造

リを介して拮抗構造となるように組み合わせることにより，伸縮力を回転力に変換させて使用することが多い．このように，空気圧駆動ゴム製アクチュエータは，軽量，高出力で柔軟なアクチュエータであることから，医療・福祉分野での応用が期待されている．

その他のゴムアクチュエータとしては，シリコーンゴムを用いたFMA(flexible micro actuator)[22]が開発されている．このアクチュエータは，図 **6.7** に示すように内部が3分割され，外周に繊維が配置し埋め込まれている．すなわち，繊維によって加圧時における伸び変形を拘束することで各圧力室を圧力制御し，アクチュエータ本体が湾曲する構造となっている．

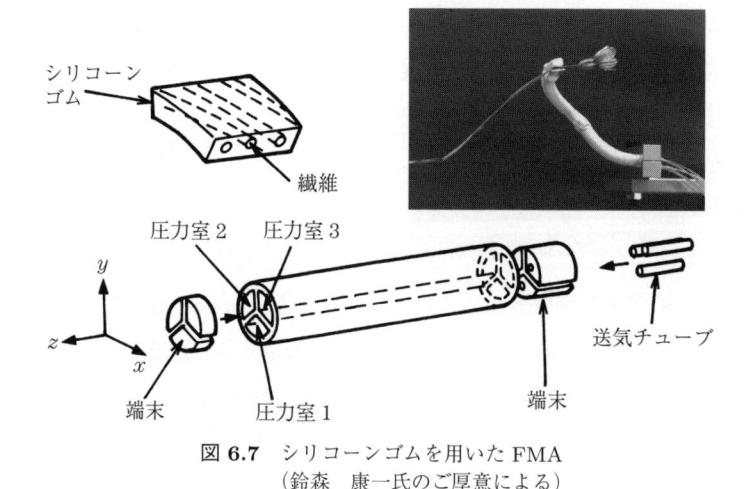

図 **6.7** シリコーンゴムを用いたFMA
（鈴森 康一氏のご厚意による）

6.4 空気圧制御弁

これまで述べてきた空気圧アクチュエータに所望の運動を実現させるために一番重要な空気圧機器は，制御弁である。具体的に制御弁を分類すると，(1) アクチュエータの運動方向を決める方向制御弁，(2) アクチュエータへの空気流量を調整し速度制御に使用する流量制御弁，(3) 圧力を調整し力制御を行う圧力制御弁などがある。本節では，それぞれの制御弁について説明する。

6.4.1 方向制御弁

方向制御弁 (directional control valve) には，流れの方向を切り換える切換弁と一方向のみ流れる逆止弁があり，空気圧アクチュエータの方向制御には，切換弁を用いることが多い。

切換弁の弁体の形態には，ポペット弁，スプール弁がある。ポペット弁タイプを図 **6.8** に，スプール弁タイプを図 **6.9** に示す。ポペット弁タイプは，図に示すように通常はばねの力によりポペットが弁座に押し付けられ閉じられている。しかし，弁体が下側に押さればねが縮むことにより，空気が P から A に流れる。

それに対し，スプール弁タイプでは，スプールが軸方向に移動することによ

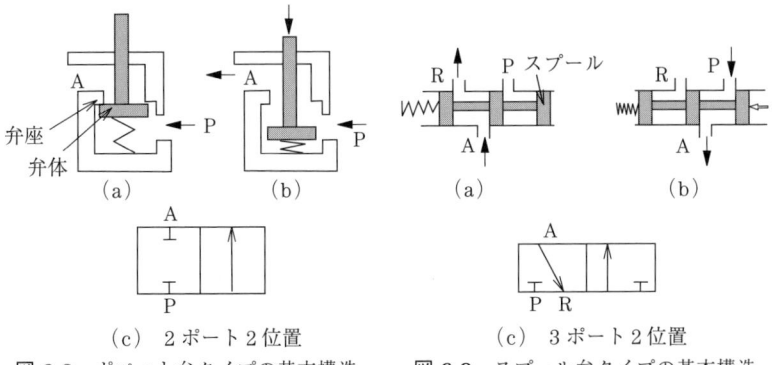

図 **6.8** ポペット弁タイプの基本構造

図 **6.9** スプール弁タイプの基本構造

り各ポート (port) が接続される。すなわち，図 6.9(a) の状態では，アクチュエータ側の A ポートと大気開放側の R ポートが接続され，アクチュエータ内の空気が排気される。それに対し，図 (b) の場合，スプールが左側に押されてばねが縮み，空気圧源 P ポートと A ポートが接続され，空気が A ポートを介してアクチュエータに給気される。

6.4.2 圧力・流量制御弁

6.4.1 項で述べた方向制御弁は，動作流体の流れの方向を切り換えるためのものである。それに対し，絞りの調整などにより，空気の流量や圧力を制御するものが**流量制御弁** (flow control valve) および**圧力制御弁** (pressure control valve) である。流量制御弁として，絞り弁および速度制御弁が使用されている。また，圧力制御弁には，減圧弁，増圧弁，安全弁がある。

6.4.3 電空比例制御弁

弁への電気信号に比例して空気の流量や圧力を制御するものとして，電空比例制御弁があり，流量比例制御弁および圧力比例制御弁に分類される。

（１）**流量比例制御弁**[12]　　流量比例制御弁の動作原理を**図 6.10** に示す。ソレノイドに電流が流れることにより，スプール弁が移動し，電磁力とばね反力が平衡する位置においてスプール弁が停止する。また，ソレノイドの吸引力は電流に比例した力であることから，スプール弁の位置は電流値に応じて変化する。すなわち，スプール変位により給気側，排気側ポートの有効断面積が変

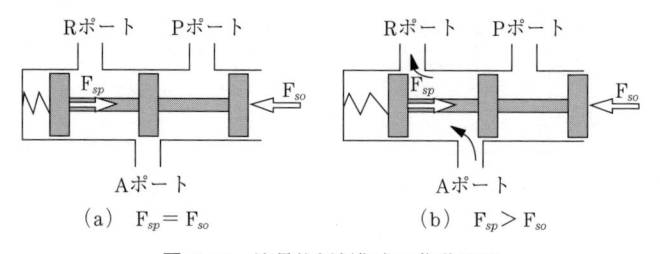

(a)　$F_{sp} = F_{so}$　　　　　　(b)　$F_{sp} > F_{so}$

図 6.10　流量比例制御弁の作動原理

化し，アクチュエータへの空気流量が制御される．

弁への入力電圧と弁有効断面積の関係を図 6.11 に示す．ここで，横軸は弁への入力電圧を示している．また，縦軸は比例制御弁の有効断面積であり，正および負の領域で表している．ここで，正の領域は供給側（P ポート）からアクチュエータ側（A ポート）へ空気が流れる場合におけるポートの有効断面積を，負の領域は，空気がアクチュエータ側（A ポート）から大気側（R ポート）へ放出されるときの有効断面積の値を示している．図中，比例弁の有効断面積が 0 になる点での電圧を中立電圧と呼んでいる．図に示すように，弁への印加電圧と有効断面積の関係は，大きく分けて 3 パターンあり，使用する弁の特性を事前に調べる必要がある．

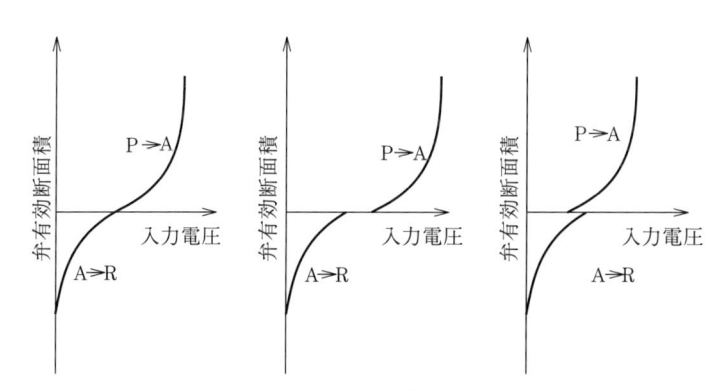

図 6.11 流量比例制御弁の特性

（2） 圧力比例制御弁[12]　　圧力比例制御弁は，電気信号に比例して圧力を制御するもので，弁の作動原理を図 6.12 に示す．制御圧力が目標圧力以下のとき，P ポートと A ポートが接続状態となり，アクチュエータ内圧力が増大する．つぎに，制御圧力が設定圧力に等しいときは，各ポートが閉じられ，流れが遮断される．逆に，設定圧力よりも圧力が増大すると，A ポートと R ポートが接続されアクチュエータ内圧力が減少する．

つぎに，図 6.13 に示す電空比例制御弁のモデル化を考える．制御弁に印加する電流 i と質量 m のスプール変位 x に関する運動方程式は，次式となる．た

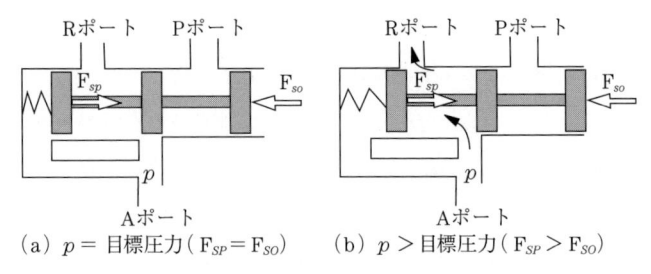

(a) $p = $ 目標圧力 ($F_{SP} = F_{SO}$)　　(b) $p > $ 目標圧力 ($F_{SP} > F_{SO}$)

図 **6.12**　圧力比例制御弁の作動原理

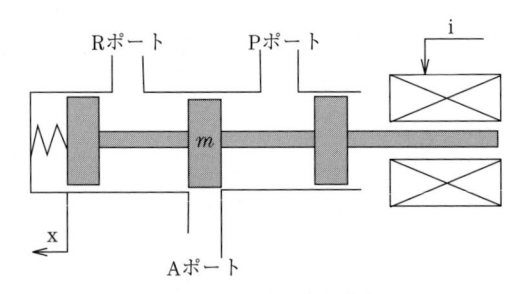

図 **6.13**　電空比例制御弁

だし，弁スプールの**固有振動数**(natural frequency) ω_n，粘性減衰率 ζ および電流 i とスプール変位 x の変換係数 k_x である。

$$\frac{d^2 x}{dt^2} + 2\zeta\omega_n \frac{dx}{dt} + \omega_n^2 x = k_x \omega_n^2 i \tag{6.1}$$

　スプール弁のダイナミクスは，二次遅れ系となり，むだ時間要素が含まれる場合もある。さらに，大容量のスプール弁を用いた制御弁の応答性は，ポペット弁を用いたオンオフ弁に比べ十分に速くない場合があることから，弁の応答性を増すために，高速オンオフ電磁弁を用いた方法がある。この方法についてはつぎの 6.4.4 項で述べる。

6.4.4　高速オンオフ電磁弁による制御方法

　6.4.3 項で解説した比例制御弁は，弁への電気信号によりアクチュエータへの流量または圧力を制御できる。しかしながら，スプール弁の応答時間が切換弁よりも劣るという問題がある。そこで本項では，高速に弁の開閉が可能な高速オン

オフ電磁弁を用いて比例制御弁と等価な動作を実現する方法について説明する。

高速オンオフ電磁弁は，コイルに電流が流れると可動子が固定子に吸引され，プッシュロッドによりポペット弁を下方に押すという構造になっている。そして，供給ポートから出力ポートに空気が流れ，アクチュエータに空気が充填される。逆に，電流が流れていないときは，出力ポートと排気ポートが接続され，アクチュエータ内の圧力が減少する。そこで，高速オンオフ電磁弁を用いたパルス幅変調 (PWM) 法または，パルス符号変調 (PCM) 法について説明する。

（１） パルス幅変調 (**PWM**) 法　　**PWM** (pulse width modulation) 法を行うときの回路を図 **6.14** に示す。高速オンオフ電磁弁は，1 個につき 2 ポートであり，アクチュエータの各圧力室内に空気を充填・排気するために，それぞれ給気用，排気用として 1 個ずつ計 2 個の弁をアクチュエータの各給排気口に使用する。PWM 法は，電磁弁に設定された搬送周波数 T_c で駆動し，弁のオン時間であるパルス幅 T_{on} を制御信号により変化させる方式である。弁の平均的な開口有効断面積 S は，図 **6.15** に示すように搬送周波数とパルス幅のデューティ比 ($D = T_{on}/T_c$) に比例する関係となる。

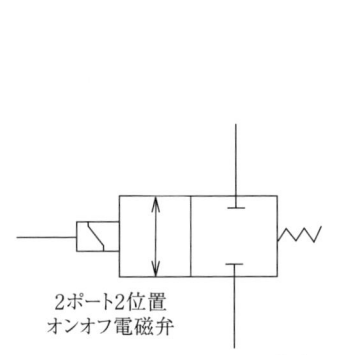

図 **6.14** パルス幅変調 (PWM) 方式駆動によるディジタル制御弁

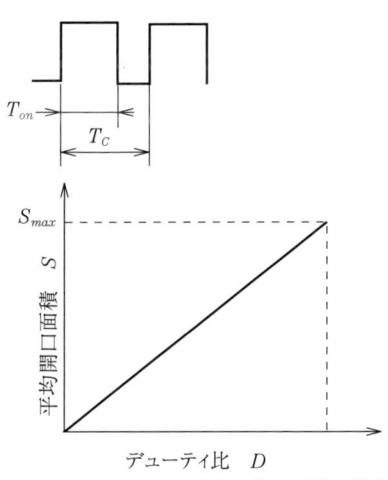

図 **6.15** デューティ比と有効断面積の関係

（2） パルス符号変調（PCM）法　　図 **6.16** に **PCM**（pulse code modulation）法の回路を示す．PCM 方式は，制御信号を n ビットの 2 進信号 U に符号化し，これにより並列結合された n 個の高速オンオフ電磁弁を駆動する．各弁には，断面積の異なる絞りが取り付けられ，絞りの断面積は，$S_0 : S_1 : \cdots : S_n = 2^0 : 2^1 : \cdots : 2^n$ の比に設定されている．このシステムを制御信号 U により駆動することにより，絞りの総合開口断面積が 2^n 段階に変化する．弁制御信号 U と総合開口断面積 S の関係を図 **6.17** に示す．

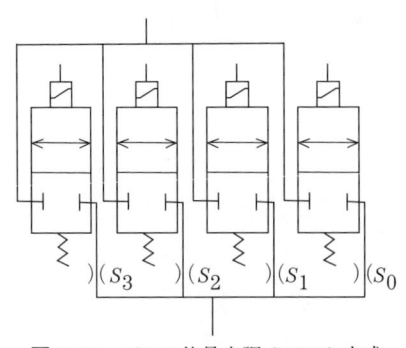

図 **6.16**　パルス符号変調 (PCM) 方式駆動によるディジタル制御

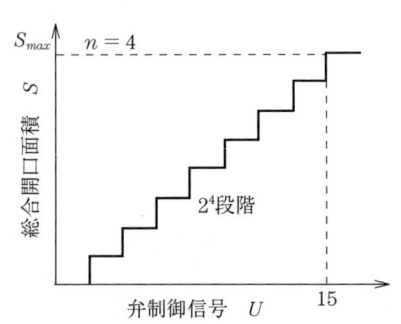

図 **6.17**　弁制御信号と有効断面積の関係

高速オンオフ電磁弁の高速化は著しく，ディジタル制御弁としての利用に最適である．また，D/A 変換器を必要とせず，PIO（parallel input output）ボードの利用により弁を制御できる．

6.5　空気圧サーボシステム

本節では，流量比例弁を用いて空気圧シリンダの位置制御を行う場合のダイナミクスについて明らかにする．サーボシステムとして，図 **6.18** に示す回路を考える．すなわち，両圧力室を加圧する複動シリンダの負荷 M の位置制御を流量比例制御弁によって行うシステムについて検討する．

（1） 空気圧シリンダのダイナミクス　　シリンダロッド先端に質量 M の物体が取り付けられ，ピストンの変位 y が測定されるとすると，以下の運動方程

6.5 空気圧サーボシステム

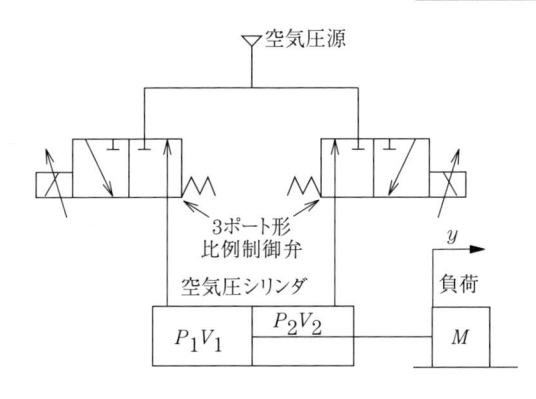

図 6.18 比例制御弁を用いた空気圧シリンダの駆動システム

式が成立する。

$$M\frac{d^2y}{dt^2} + B\frac{dy}{dt} = A_1 p_1 - A_2 p_2 \tag{6.2}$$

ここで，B は粘性係数，A_1，A_2 はピストン有効断面積，p_1，p_2 はシリンダ・圧力室内圧力である。

つぎに，シリンダ・各圧力室内に空気が供給されるときの圧力変化速度について述べる。

（2）圧力変化速度式 容器内に空気が充填されるときの容器内の圧力変化について説明する。温度 T 〔K〕，単位時間当りの重量流量 W 〔kgf/s〕の気体が体積 V 〔m³〕の容器に流れ込むとき，重量流量 W は，次式で与えられる。ここで，ρ 〔kg/m³〕は容器内の気体密度であり，g は重力加速度である。

$$W = g\frac{d(\rho V)}{dt} \tag{6.3}$$

また，空気を理想気体と仮定すると，状態方程式より以下の式となる。

$$\rho = \frac{P}{RT} \tag{6.4}$$

ここで，P 〔Pa〕は容器内圧力であり，R 〔J/kg·K〕はガス定数である。また，容器内にエネルギー方程式を適用すると以下の式が成立する。

$$\frac{C_p}{g}WT - P\frac{dV}{dt} + \frac{dQ}{dt} = \frac{d(c_v \rho V T)}{dt} \tag{6.5}$$

6. 空気圧アクチュエータ

ここで，式 (6.5) の左辺第 1 項は容器内へ流入する気体のエネルギー，第 2 項は容器内の気体が外部に与える仕事，第 3 項は外部から容器内に伝わる熱量，右辺の項は容器内の内部エネルギーを表す．

また，空気圧制御系においては，**断熱変化**(adiabatic change) でモデル化できる場合が多く，左辺第 3 項を $dQ/dt = 0$ とおける．さらに，**定圧比熱**(specific heat at constant pressure) C_p〔J/kg·K〕および**定積比熱**(specific heat at constant volume) C_v〔J/kg·K〕は，次式で表される．

$$C_p = \frac{\kappa R}{\kappa - 1}, \qquad C_v = \frac{R}{\kappa - 1}, \qquad \kappa = \frac{C_p}{C_v} \tag{6.6}$$

ここで，κ は**比熱比**(specific heat ratio) である．

式 (6.6) を式 (6.5) に代入して整理すると，容器内の圧力変化速度式が導出される．ここで，G〔kg/s〕は，単位時間当りの**質量流量**(mass flow) である．

$$\begin{aligned}
\frac{\kappa RT}{\kappa - 1}\frac{W}{g} - P\frac{dV}{dt} &= \frac{RT}{\kappa - 1}\left(V\frac{d\rho}{dt} + \rho\frac{dV}{dt}\right) \\
G &= \frac{W}{g}
\end{aligned} \tag{6.7}$$

故に

$$\frac{dP}{dt} = \frac{\kappa RT}{V}G - \frac{\kappa P}{V}\frac{dV}{dt} \tag{6.8}$$

図 6.18 に示す各シリンダ・圧力室に供給される空気の質量流量を $G_i : (i = 1, 2)$ および各圧力室体積を $V_1 = A_1 y$，$V_2 = A_2(L - y)$ とすると，各圧力室内の圧力変化速度式は次式で与えられる．

$$\left. \begin{aligned}
\frac{dP_1}{dt} &= \frac{\kappa RT_1}{A_1 y}G_1 - \frac{\kappa P_1}{y}\frac{dy}{dt} \\
\frac{dP_2}{dt} &= \frac{\kappa RT_2}{A_2(L-y)}G_2 + \frac{\kappa P_2}{L-y}\frac{dy}{dt}
\end{aligned} \right\} \tag{6.9}$$

(3) 弁の有効断面積に対する単位時間当りの流量 制御弁として，比例弁を使用する場合，弁への入力電圧に対し有効断面積が変化する．そこで，有効断面積に対する流量式について説明する．絞りの有効断面積が S であるオリフィス (orifice) を通過する流量を考える (**図 6.19**)．

6.5 空気圧サーボシステム

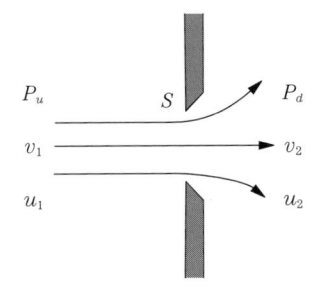

図 6.19 オリフィス

ここで，流体は圧縮性が大きく，粘性がないとして，流速を u，圧力を P，密度を ρ，比熱比を κ とすると，ベルヌーイの定理より

$$\frac{1}{2}u^2 + \frac{\kappa}{\kappa-1}\frac{P}{\rho} = const \tag{6.10}$$

が成り立つ。ここで左辺第1項は運動エネルギー (kinetic energy)，第2項は内部エネルギー (internal energy) である。

したがって，オリフィスの上流側および下流側の圧力，比容積，流速を P_u, v_1, u_1, P_d, v_2, u_2 とすると，以下の式が成立する。

$$\frac{1}{2}u_1^2 + \frac{\kappa}{\kappa-1}\frac{P_u}{\rho_1} = \frac{1}{2}u_2^2 + \frac{\kappa}{\kappa-1}\frac{P_d}{\rho_2} \tag{6.11}$$

断熱変化および比重量 γ と密度 ρ の関係より，以下の式が成り立つ。

$$\frac{v_2}{v_1} = \left(\frac{P_u}{P_d}\right)^{\frac{1}{\kappa}} \tag{6.12}$$

$$\rho_1 = \frac{\gamma_1}{g} = \frac{1}{v_1 g}, \qquad \rho_2 = \frac{\gamma_2}{g} = \frac{1}{v_2 g} \tag{6.13}$$

また，入り口の流速 u_1 が無視できる場合，ノズル出口の流速 u_2 は，式 (6.10) より以下の式となる。

$$u_2 = \sqrt{2\frac{\kappa}{\kappa-1}\frac{P_u}{\rho_1}\left\{1-\left(\frac{P_d}{P_u}\right)^{\frac{\kappa-1}{\kappa}}\right\}} \tag{6.14}$$

故に，オリフィスの有効断面積 S より，ノズルを通過する質量流量 G は，次式で表される。

$$G = S\,P_u \sqrt{\frac{2}{RT}} \sqrt{\frac{\kappa}{\kappa-1}\left\{\left(\frac{P_d}{P_u}\right)^{\frac{2}{\kappa}} - \left(\frac{P_d}{P_u}\right)^{\frac{\kappa+1}{\kappa}}\right\}} \qquad (6.15)$$

さらに，上流側と下流側の圧力比 (P_d/P_u) が 0.528 より小さくなると，流れは**音速域**(acoustic velocity area) となり，図 **6.20** に示すように流量も一定となる。圧力比が 0.528 のときを**臨界圧力**(critical pressure) という。ここで，式 (6.15) において，$dG_2/dZ = 0$ $(Z = P_d/P_u)$ のときの Z の値が 0.528 となる。また，音速域のときの質量流量 G_2 は，以下のようになる。

$$G_2 = S\,P_u \sqrt{\frac{2}{RT}} \sqrt{\frac{\kappa}{\kappa+1}\left(\frac{2}{\kappa+1}\right)^{\frac{2}{\kappa-1}}} \qquad (6.16)$$

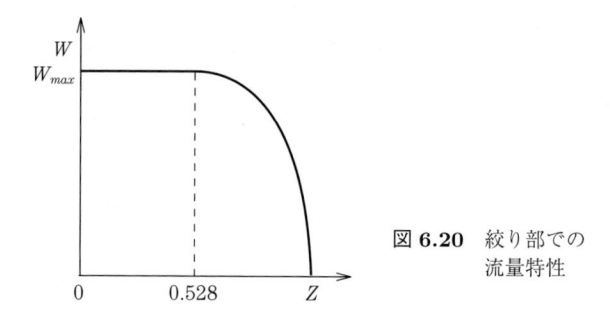

図 **6.20** 絞り部での流量特性

故に，以上の関係式を整理すると，以下の質量流量式となる。

$$\left.\begin{array}{l} G(t) = S(t)\,P_u(t)\sqrt{\dfrac{2}{RT}}\,\phi(Z) \qquad Z = \dfrac{P_d(t)}{P_u(t)} \\[2mm] 0.528 \leqq Z \leqq 1 \quad \phi(Z) = \sqrt{\dfrac{\kappa}{\kappa-1}\left(Z^{\frac{2}{\kappa}} - Z^{\frac{\kappa+1}{\kappa}}\right)} \\[2mm] 0 \leqq Z \leqq 0.528 \quad \phi(Z) = \sqrt{\dfrac{\kappa}{\kappa+1}\left(\dfrac{2}{\kappa+1}\right)^{\frac{2}{\kappa-1}}} \end{array}\right\}$$
$$(6.17)$$

6.5 空気圧サーボシステム

以上より，図 6.18 に示す空気圧シリンダの駆動システムに関するダイナミクスは，次式となる。

式 (6.2) の機械系

$$M\ddot{y} + B\dot{y} = A_1 p_1 - A_2 p_2 \tag{6.18}$$

式 (6.9) の圧力変化速度式

$$\left. \begin{array}{l} \dot{P}_1 = \kappa RT_1 \dfrac{G_1}{A_1 y} - \kappa P_1 \dfrac{\dot{y}}{y} \\ \dot{P}_2 = \kappa RT_2 \dfrac{G_2}{A_2 (L-y)} + \kappa P_2 \dfrac{\dot{y}}{L-y} \end{array} \right\} \tag{6.19}$$

式 (6.17) の質量流量式 $(i = 1, 2)$

$$G_i = S_i P_u \sqrt{\dfrac{2}{RT}} \phi(Z) \tag{6.20}$$

ここで，式 (6.20) における有効断面積 S のダイナミクスは，弁の特性によって異なる。例えば，式 (6.1) で表現されるスプール弁のダイナミクスの場合は，$S = K_{sx} x (K_{sx} = const)$ となる。すなわち，弁への入力電圧 i をシステム全体の入力とし，式 (6.18) におけるシリンダ変位 y を出力とすると，空気圧駆動システムのダイナミクスの一例が非線形性を含めて表現できる。

以下，もう少し全体のダイナミクスを見やすくするためにシステムを線形化する。まず，流量式 (6.20) に関して，質量流量 $G_i : (i = 1, 2)$ は，弁の有効断面積 S_{Bi} および圧力 P_i に関する式で表されることから，それぞれの平衡点まわりに Taylor 展開することにより線形化する。すなわち，2 変数のテーラー展開において式 (6.21) となる。

コーヒーブレイク

生きているように動く人形を見たことがあるでしょう。手足や顔の表情が自由に変化する人形，それに用いられているアクチュエータには，空気圧シリンダが多く用いられている。空気圧アクチュエータは，空気の圧縮性により滑らかで柔軟な動きを簡単にだせることから，より人間に近い動きを実現することができる。例えば，映画のターミネイターに登場するロボットも空気圧シリンダで動いている。

$$G_i = f(S_{Bi0}, P_{i0}) + \left.\frac{\partial f}{\partial S_{Bi}}\right|_{S_{Bi}-S_{Bi0}, P_i-P_{i0}} (S_{Bi} - S_{Bi0})$$
$$+ \left.\frac{\partial f}{\partial P_i}\right|_{S_{Bi}-S_{Bi0}, P_i-P_{i0}} (P_i - P_{i0}) + \cdots \quad (6.21)$$

故に,二次以上の項を無視すると,以下の線形近似式となる。

$$G_i = K_{si} S_{Bi} - K_{pi} P_i \quad (6.22)$$

ここで,K_{si} および K_{pi} は係数である。

つぎに,式 (6.19) に示す圧力ダイナミクスにおいて,各圧力室の体積を V_i とすると以下のように表される。

$$\dot{P}_1 = \frac{\kappa R T_1}{V_1} G_1 - \frac{\kappa P_1 A_1}{V_1} \dot{y}, \quad \dot{P}_2 = \frac{\kappa R T_2}{V_2} G_2 + \frac{\kappa P_2 A_2}{V_2} \dot{y} \quad (6.23)$$

空気圧システムを制御する場合,システム全体として高次系になることから,振動や不安定現象を抑制しながらフィードバックゲインのチューニングをすることは一般に容易ではない。さらに,線形化のモデル化誤差が大きい場合が多く,非線形特性を考慮した制御法が重要となっている[23],[24]。

章 末 問 題

【1】 空気圧アクチュエータを用いてロボットを製作した場合の特徴を挙げなさい。
【2】 空気圧シリンダにより低速運動を実現するための方法について考えなさい。

7 油圧アクチュエータ

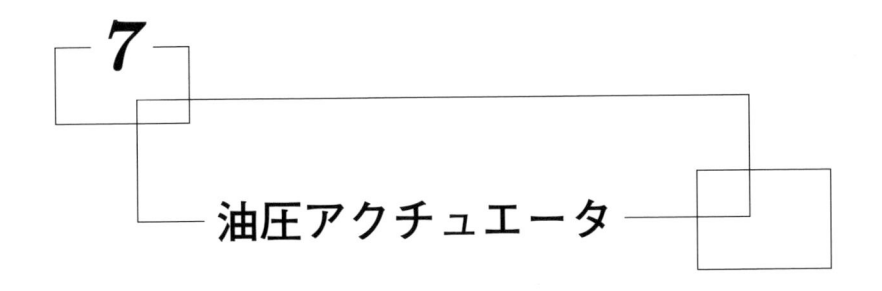

7.1 油圧駆動システム

7.1.1 油圧アクチュエータの特徴

油圧アクチュエータを利用した機器としては，一般に建設用機械，産業用ロボット，高層ビルの制振装置，工作機械，レジャー用疑似体験装置，航空機など，幅広い分野に利用されている．そのほとんどは，高出力を必要とするものであり，剛性が高いことから高精度な位置制御が可能となっている．また，自動車に関して，アクティブサスペンションや4輪操舵 (4WS)，4輪駆動 (4WD) などへも実用化されている．

ここで，**油圧アクチュエータ** (hydraulic actuator) とは，油圧源である油圧ポンプにより発生した流体エネルギーを機械エネルギーに変換するものである．そして，出力側の運動形態により

(1) 直線往復運動　　**油圧シリンダ** (hydraulic cylinder)
(2) 首振り運動　　　**揺動形アクチュエータ** (rotary actuator)
(3) 連続回転運動　　**油圧モータ** (hydraulic motor)

に分類される．

また，油圧アクチュエータが利用される理由としては，制御しやすいという点以外に

(1) 小形で高推力・高トルクが発生できること（力/質量，トルク/慣性モーメントの値が大きく応答性がよい）

(2) 低速度の作業に適していること
(3) 構造が簡単で信頼性が高いこと
(4) 本体の潤滑・冷却が不要であること
(5) 非圧縮性流体のため安全であること

などが挙げられる。しかしながら，油漏れや騒音，高速運転や低温下でのキャビテーションの発生などの問題がある。

7.1.2 油圧駆動システムの概要[25]

油圧システムは
(1) 電動モータにより駆動される油圧ポンプ
(2) 油圧ポンプから発生する油の流量，圧力および流れの方向を制御する制御弁
(3) 油圧アクチュエータ

から構成される。油圧力を利用して機械を動作させるための油圧駆動システムの基本構成を図 **7.1** に示す。

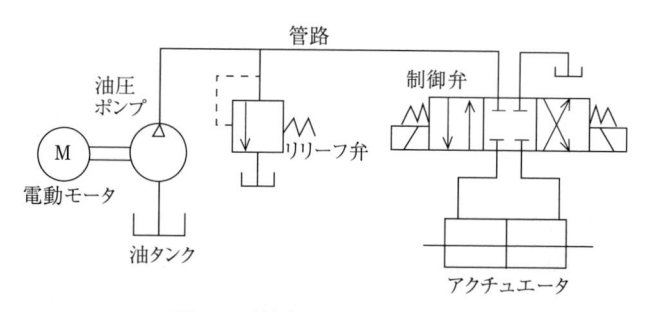

図 7.1 油圧システムの基本構成

油圧ポンプは，原動機によってシリンダ内のピストンを往復運動させるか，またはロータを回転させることにより，**潤滑性**(lubricity) を有する油を圧縮させる働きをする。すなわち，電動モータの回転トルク（機械的エネルギー）を油圧のエネルギーに変換する機器である。ここで，油圧ポンプは，プランジャポンプ，歯車ポンプ，ベーンポンプ，可変容量形ベーンポンプに分類される。また，

油圧ポンプと制御弁および油圧アクチュエータは，油圧配管で結合され，油圧アクチュエータと負荷は，機械的に結合されている．

7.2 油圧駆動アクチュエータ

油圧アクチュエータは，構造によりシリンダ，揺動形アクチュエータおよびモータに分類される．そこで，本節では，現在市販されている油圧アクチュエータについて，それらの構造と利用に関する注意事項について説明する．

7.2.1 油圧シリンダ

油圧シリンダは，空気圧シリンダと同様，動作機構により分類される．すなわち，1方向負荷に対して用いられる単動形(single-acting type)と2方向負荷に対して使用される複動形(double acting type)である．

油圧シリンダを利用する場合の注意事項について述べる．油圧シリンダは，推力がきわめて大きいことから，ロッドに曲げの力が作用し，ピストンあるいはロッドの焼付きが生じる危険性がある．また，シリンダをプレートに固定する場合，シリンダの取り付け用ボルトに対してせん断応力が作用することから，ボルトが破断する危険性がある．さらに，油漏れについても注意する必要がある．具体的には，摺動部パッキンの劣化などに注意する必要がある．また，油圧回路において，空気（気泡）の混入の問題があることから，発振などの危険性が生じる．この問題を解決するためには，気泡を排除するポートを設ける必要がある．

7.2.2 揺動形アクチュエータ

回転範囲が限られているアクチュエータを揺動形アクチュエータといい，空気圧と同じく，ベーン形以外にピストン形がある．ピストンリンク形揺動形アクチュエータを図 **7.2** に示す．揺動形アクチュエータは，限定された回転角度範囲を正転あるいは逆転することができる．また，回転速度は小さく，トルク

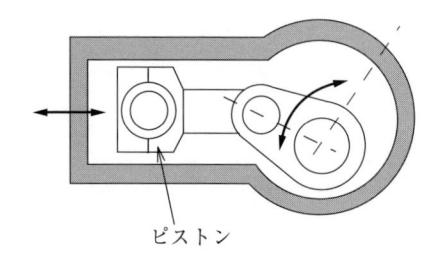

図 7.2 ピストンリンク形揺動形アクチュエータ

ピストン

が大きいことから，ロボットアームの旋回駆動に利用することができる．しかし，揺動形アクチュエータは，低速で高トルクの駆動が容易に実現可能であることから，アクチュエータを固定する場合の強度を十分に見ておく必要がある．

7.2.3 油圧モータ

油圧のエネルギーによりケーシング内の被動体が運動し，出力軸が回転するものを油圧モータという．油圧モータには，歯車が外接または内接して回転する歯車形油圧モータ (gear type hydraulic motor)，ベーンがケーシング内側を摺り回転するベーン形油圧モータ (vane type hydraulic motor) および，ピストンの駆動により軸が回転するピストン形油圧モータ (piston type hydraulic motor) がある．さらに，ピストン形モータは，ラジアルピストン形油圧モータ (radial piston type hydraulic motor) とアキシャルピストン形油圧モータ (axial piston type hydraulic motor) の2種類に分類される．また，アキシャルピストン形油圧モータは，斜板式と斜軸式に大別できる．

本項では，制御用アクチュエータとして用いられるベーン形油圧モータとピストン形油圧モータについて解説する．

（1）ベーン形油圧モータ[20]　ベーン形油圧モータとは，図 6.4 に示した空気圧モータと同様に板状のベーンがロータに掘った半径方向の溝に挿入され，摺動するものである．各ベーンは，外周のカムリング内面に油圧とばねの力によって押し付けられ，回転中はさらに遠心力が作用する．このことから，ベーン先端部と外周との摩耗の問題が取り上げられている．さらに，起動トルク効率の低下や低速時の不安定問題がいわれている．

図 **7.3** に示すモータを平衡形ベーンモータといい，軸対称に油圧が作用することにより，軸受けに働く油圧力を平衡させている構造である。また，ベーンによりロータ部が駆動し，大きなトルクを発生する。

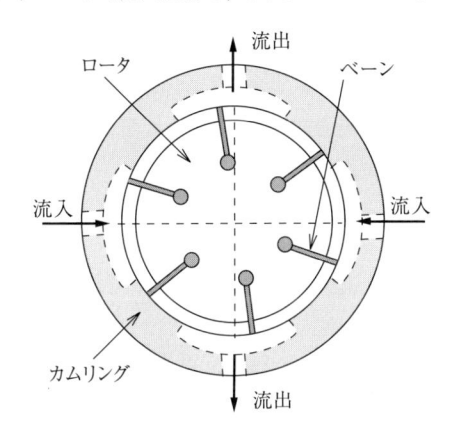

図 7.3 平衡形ベーンモータ作動原理図

（2） ピストン形油圧モータ[20]　ピストン形油圧モータの動作原理を説明する。このモータは，図 **7.4** に示すように，ピストンが圧油により押し出され，ピストンの軸方向運動によって斜板と一体の出力軸が回転する構造となっている。ピストン形油圧モータは，高圧化に適しており，効率が優れている特徴がある。

アキシャルピストン形油圧モータでは，回転軸に対してピストンが平行に配置されており，ラジアルピストン形油圧モータでは，ピストンが回転軸に対し

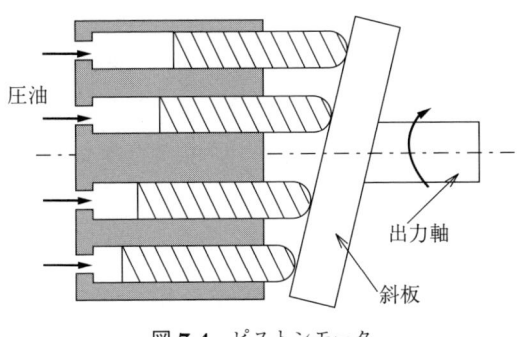

図 7.4 ピストンモータ

て放射状に配置されている。詳細な構造は，文献12), 20) を参照していただきたい。

油圧モータを利用する場合の注意事項を，構造と性能の点から解説する。油圧の利用において問題となるのは，キャビテーションの発生である。一般に，キャビテーションは，油の供給が停止した後も油圧モータ軸が慣性力により回転した場合など，供給流量が追従しない場合に発生しやすくなる。そのため，キャビテーションの発生を抑えることが大切である。

7.3 油圧制御弁

油圧アクチュエータを制御するサーボ弁は，一般に，電気信号により圧力や流量を制御する弁であり，航空機，ミサイル，工作機械など一般産業用として広く利用されている。弁のタイプも空気圧用弁と同様に，流量制御サーボ弁，圧力制御サーボ弁がある。特に，圧力制御サーボ弁[12]は，出力差圧が案内弁スプール (spool) にフィードバックされていることから，案内弁スプールは出力差圧がノズル背圧と釣り合う位置で平衡となる。また，サーボ弁の構成要素は

(1) 電気入力を微小変位に変換するトルクモータ
(2) 対向形ノズルフラッパによりノズル背圧が変化する前段増幅部
(3) スプール弁などの案内弁部 (pilot valve part)

である。

さらに，油圧制御弁の使用時において，弁のポートを通過する油が高速 (100 〜 150 m/s) の場合，噴流 (jet) は弁内の油と衝突し，渦 (curl) を発生する。そして，油温上昇に伴う気泡の発生から，キャビテーション (cavitation) 現象を生じる。また，流速が変化した場合，流体圧力損失を伴うなどの問題がある。これらが，空気圧用弁と異なる点である。

つぎに，図 **7.5** に示す 5 ポート弁を用いてシリンダを駆動するときの流量式について述べる。油圧用スプール弁を使用する場合，スプールの長さ L_s とポートの長さ L_p の差により，ゼロ重合 $L_s = L_p$，負重合 $L_s < L_p$ および正重合

7.3 油圧制御弁

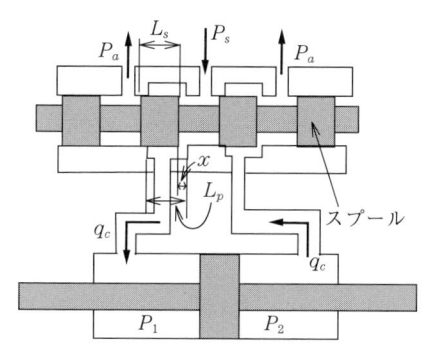

図 7.5 スプール弁・シリンダシステム

$L_s > L_p$ に分類される．そこで，スプールの中心位置において，A, B ポートの開度を 0（ゼロ重合）とし，作動油の圧縮性が無視できるとする．さらに，作動油の流れに伴う圧力損失がないと仮定すると，シリンダへの供給流量 q_c [m^3/s] は，次式で表される．

$$q_c = c_q a \sqrt{\frac{2(P_s - P_1)}{\rho}} \tag{7.1}$$

ここで，P_s：弁への供給圧力 [Pa]，$P_{1,2}$：シリンダ室圧力 [Pa]，a：絞り部の開口面積 [m^2]，ρ：流体の密度 [kg/m^3]，c_q：流量係数である．

また，右側のシリンダ室から排気される流量 q_c（負荷流量）は，排気ポート下流側での圧力を大気圧と考えてよいことから，次式で表される．

$$q_c = c_q a \sqrt{\frac{2P_2}{\rho}} \tag{7.2}$$

式 (7.1)，(7.2) より，弁への供給圧力 P_s に関して以下の関係が成立する．

$$P_s = P_1 + P_2 \tag{7.3}$$

また

$$P_c = P_1 - P_2, \qquad \varphi = c_q L \sqrt{\frac{1}{\rho}} \tag{7.4}$$

とおくと，式 (7.1)，(7.2) は次式で表される．ここで，$a = Lx$ であり，L [m] はポート部の円周方向長さである．

$$q_c = \varphi x \sqrt{P_s - P_c} \tag{7.5}$$

弁の開度 x が $x < 0$ のときは，同様の考え方により以下の式が得られる．

$$q_c = \varphi x \sqrt{P_s + P_c} \tag{7.6}$$

式 (7.5)，(7.6) を整理すると，流量特性を与える関係式は，次式となる．

$$q_c = \varphi x \sqrt{P_s - \mathrm{sgn}(x)\ P_c} \tag{7.7}$$

ここで，$\mathrm{sgn}(x)$ は，符号関数である．

式 (7.7) の流量特性は非線形であるため，式 (6.22) と同様に線形化すると

$$q_c = K_x\ x - K_p\ P_c \tag{7.8}$$

となる．ここで，K_x，K_p は，係数である．

7.4　油圧サーボシステム

油圧アクチュエータを用いてサーボ系を構成する場合，安全性を保証するために，アクチュエータや弁等の動特性を明らかにする必要性がある．そこで，本節では，油圧シリンダのダイナミクスについて述べる．

油圧サーボシステムの例として，図 **7.6** に示すようにサーボ弁を用いてシリンダを位置決め制御する場合を考える．すなわち，シリンダの目標停止位置を y_r とし，シリンダの変位 y との偏差 $e(=y_r-y)$ がコントローラに入力される

コーヒーブレイク

遊園地などのアトラクションで一部見かけるシミュレータ装置について話そう．これは，航空機の操縦訓練装置にも使用されている 6 自由度揺動装置である．油圧シリンダを用いて人間が座っているシート部が急激な揺動を行う構造であり，スクリーンに映し出された映像を見ている人間は，実際その場にいるように感じることができる．

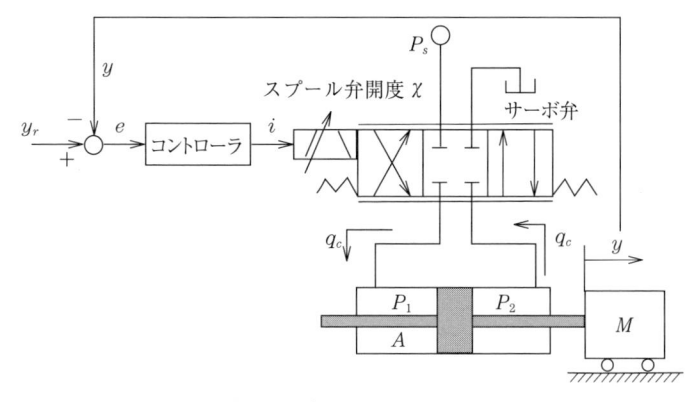

図 7.6 油圧サーボシステム

とき，入力電圧 $u = k_p e$，弁への入力電流 $i = k_a u$ とする．ここで，k_p は比例ゲイン，k_a は変換係数である．

油の圧縮性を無視すると，ピストン速度 dy/dt は，シリンダへ流入する体積流量 $q_c [m^3/s]$ およびピストン有効断面積 A を用いて次式を得る．

$$\frac{dy}{dt} = \frac{q_c}{A} \tag{7.9}$$

また，シリンダへ流入する体積流量 q_c は，式 (7.8) となり，図 7.5 に示すスプール弁開度 x と弁への印加電流 i は，空気圧の場合と同様に式 (6.1) で表される．さらに，負荷 M をシリンダにより駆動する場合のピストンの運動方程式に関しても空気圧系と同様に示される．すなわち，油圧システムのダイナミクスは，空気圧システムと比較して圧力ダイナミクスを無視できることから，少なくとも一次遅れがなくなり，制御性能は改善できる．

章 末 問 題

【1】 油圧アクチュエータを使用する場合の問題点を説明しなさい．
【2】 身の回りを見て，油圧アクチュエータが利用されている例を挙げなさい．
【3】 油圧回路の基本的な構成を，使用目的によって分類しなさい．

8

圧電アクチュエータ

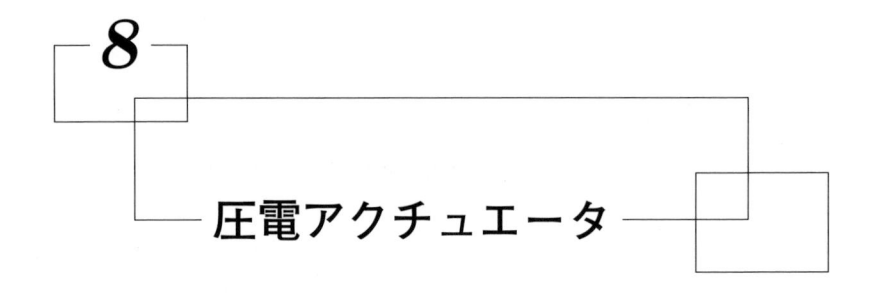

8.1 圧電アクチュエータとは

8.1.1 圧電アクチュエータとはなにか

固体結晶(crystal)の中には，電界を加えると**内部応力**(internal stress)が発生し，それによって物質の**ひずみ**(strain)（変形）を生じるものがある．この現象を**逆圧電効果**(inverse piezoelectric effect)という．この原理をアクチュエータとして利用したものが**圧電アクチュエータ**(piezoelectric actuator)である．

逆に，物質に力を加えると結晶中に内部応力が発生し，それによって**電荷**(electric charge)を生じる現象を**圧電効果**(piezoelectric effect；ピエゾ効果)という．この現象は1880年にジャック・キュリーとピエール・キュリー[†]の兄弟によって発見された．

圧電効果はレコードのピックアップ，マイクロフォン，**加速度センサ**(acclererometer)，**圧力センサ**(pressure sensor)，**角速度センサ**(angular velocity sensor)，**超音波センサ**(ultrasonic sensor)などのセンサデバイス，あるいはガスやライターの着火ユニットのために広く用いられてきた．

逆圧電効果は以下で説明する圧電アクチュエータとしての応用に加えて，超音波トランスデューサ，ブザー，スピーカとしても用いられている．

また，**圧電セラミックス**(piezoelectric ceramics)の振動特性が急峻であるこ

---

† 後にマリー・キュリーとともにノーベル賞を受賞している．

とを利用して，ディジタル電子回路のための共振素子，携帯電話などの高周波機器のための周波数フィルタとしての需要も多い．

外的要因によって固体が変形する現象は数多く存在するが，アクチュエータとして利用されているものを比較すると**表 8.1** のようになる．

表 8.1 アクチュエータとして利用されている固体変形現象

	熱膨張	磁歪	圧電	電歪
ひずみ	$10^{-5} \sim 10^{-3}$	$10^{-5} \sim 10^{-3}$	$10^{-4} \sim 10^{-2}$	$10^{-9} \sim 10^{-3}$
ヒステリシス	小	小	大	小
クリープ	小	小	大	小
応答時間	s	ns $\sim$ μs	ms	μs
駆動源	熱	磁界	電界	電界

8.1.2 圧電アクチュエータの特徴

圧電アクチュエータにはつぎのような長所がある．

(1) **摩擦**(friction)，**弾性変形**(elastic deformation)，振動などの影響を受けにくく，超高精度を実現することができる．
(2) 小形化が容易である．
(3) 応答が速い．
(4) 発生力が大きい．
(5) **エネルギー密度**(power density)，**出力重量比**(power-weight ratio) が大きい．
(6) 固体である．
(7) **エネルギー変換効率**(energy conversion efficiency) が高い．

それとは逆に，つぎのような欠点も持っている．

(1) 変位が小さい．
(2) **ヒステリシス**(hysteresis) がある．
(3) 高い電圧をかける必要がある．

圧電アクチュエータを他のアクチュエータと比較すると，**表 8.2** のようになる．

表 8.2 圧電アクチュエータと他のアクチュエータとの比較[27]

原理	名称	変位	精度	発生力・トルク・圧力	応答速度
空気圧	空気圧モータ	回転	—	50 Nm	1 s
	空気圧シリンダ	300 mm	100 μm	1 N/mm^2	1 s
油圧	油圧モータ	回転	—	100 Nm	1 s
	油圧シリンダ	1000 mm	10 μm	100 N/mm^2	1 s
電気	AC サーボモータ	回転	—	30 Nm	10 ms
	DC サーボモータ	回転	—	200 Nm	10 ms
	リニアモータ	1000 mm	10 μm	300 N	100 ms
	ボイスコイル	1 mm	0.1 μm	300 N	1 ms
	圧電アクチュエータ	0.1 mm	0.01 μm	30 N/mm^2	0.1 ms

8.2 圧電効果

8.2.1 電界によるひずみ

　圧電効果・逆圧電効果は水晶，チタン酸バリウムやチタン酸ジルコン酸鉛，チタン酸鉛のような結晶性誘電体で発生する。

　この原理は，電界によりイオンが平行位置からずれてひずみが生じるものである。図 8.1 のようにイオンどうしがばねでつながれたモデルを考える。ここに電界 E が加わると，**陽イオン**(cation) は右方向に，**陰イオン**(anion) は左方向に移動する。ところが，2 種類のばね定数が異なるため，全体の長さに変化が生じる。このようにして電界 E に比例したひずみ S が発生する。結晶構造によっては電界の方向とひずみの方向は必ずしも一致せず，せん断ひずみが生

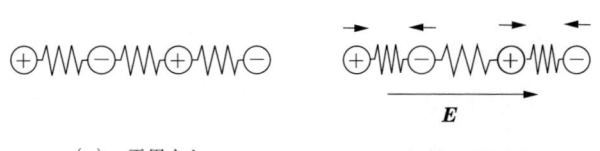

　　　　（a） 電界なし　　　　　（b） 電界あり

図 8.1　圧電効果の原理

じる場合もある。

　高温になると**結晶構造**(crystal structure)が**相転移**(phase transition)によって変化し，圧電の性質が失われる。この温度を**キュリー温度**(curie temperature)と呼ぶ。

8.2.2　圧電基本式

圧電特性は，つぎのような4組の線形方程式で近似的に表される。

（弾性関係式）　　　　（誘電関係式）

$$T = c^E S - e^t E \qquad D = eS + \epsilon^S E \tag{8.1}$$

$$T = c^D S - h^t D \qquad E = -hS + \beta^S D \tag{8.2}$$

$$S = s^E T + d^t E \qquad D = dT + \epsilon^T E \tag{8.3}$$

$$S = s^D T + g^t D \qquad E = -gT + \beta^T D \tag{8.4}$$

これらは**圧電基本式**(piezoelectric equations)と呼ばれ

ひずみ　$S = [\epsilon_x, \epsilon_y, \epsilon_z, \gamma_{yz}, \gamma_{zx}, \gamma_{xy}]^t$

応力　　$T = [\sigma_x, \sigma_y, \sigma_z, \tau_{yz}, \tau_{zx}, \tau_{xy}]^t$

電界　　$E = [E_x, E_y, E_z]^t$

電束密度$D = [D_x, D_y, D_z]^t$

の四つの値の間の相互関係を表している。

　それらを結ぶ係数は行列の形を取り，それぞれ，**弾性コンプライアンス**(elastic compliance)s，**弾性スティフネス**(elastic stiffness)$c = s^{-1}$，**誘電率**(permittivity, dielectric constant)ϵ，**インパーミティビティ**(impermittivity)$\beta = \epsilon^{-1}$，**圧電定数**(piezoelectric constants)（4種類）e, d, g, hと呼ばれている。ここで上付き記号は計測条件を示しており，それぞれ，c^Eは電界Eが一定，c^Dは電束密度Dが一定，ϵ^SはひずみSが一定，ϵ^Tは応力Tが一定，の条件下での値である。またtの上付き記号は転置を意味する。

圧電基本式の持つ意味はつぎのように解釈することができる。例えば, 式 (8.1) の**弾性関係式** (elastic relation) を見ると, 右辺第 1 項はひずみにより弾性体に生じる応力であり, もしも右辺第 2 項がなければ材料力学で学習する応力-ひずみ関係式にほかならない。圧電効果がある場合には, ひずみによる応力に加えて電界が付加的な内部応力を発生しているのだ, と考えられる。また, 式 (8.3) の**誘電関係式** (dielectric relation) についても, もしも右辺第 1 項がなければこの式は電磁気学で学習する電界と電束密度との関係式である。すなわち, ひずみに起因した結晶の**分極** (polarization) によって, 付加的な電束密度が生じているのだ, と解釈できる。これら四つの圧電基本式は独立ではなく, 相互に導出することができる。

8.2.3 電歪効果

圧電効果では, 電界とひずみとの関係が線形であった。材料によっては, ひずみが電界の 2 乗に比例する場合がある。この現象は圧電効果と区別して, **電歪効果**(electrostriction) と呼ばれる。

応力が 0 の場合, 式 (8.3) の弾性関係式は

$$\boldsymbol{S} = \boldsymbol{d}^t \boldsymbol{E} \qquad (圧電効果のみ) \tag{8.5}$$

となる。この物質が圧電効果だけでなく電歪効果も併わせ持つ場合には

$$\boldsymbol{S} = \boldsymbol{d}^t \boldsymbol{E} + \boldsymbol{M}^t \boldsymbol{E}_2 \qquad (圧電効果 + 電歪効果) \tag{8.6}$$

となる。ここで, $\boldsymbol{E}_2$ は電界の 2 乗の項からなるベクトルで

$$\boldsymbol{E}_2 = [E_1^2, E_2^2, E_3^2, E_2 E_3, E_3 E_1, E_1 E_2]^t \tag{8.7}$$

$\boldsymbol{M}$ は**電歪定数**(an electrostriction constant) と呼ばれる。

8.2.4 圧電定数の性質

$\boldsymbol{d}$ を例にとって圧電定数の意味を考えてみよう。$\boldsymbol{d}$ はつぎのような 3×6 の実数行列である。

$$\boldsymbol{d} = \begin{bmatrix} d_{11} & d_{12} & d_{13} & d_{14} & d_{15} & d_{16} \\ d_{21} & d_{22} & d_{23} & d_{24} & d_{25} & d_{26} \\ d_{31} & d_{32} & d_{33} & d_{34} & d_{35} & d_{36} \end{bmatrix} \tag{8.8}$$

それぞれの要素の二つの添え字のうち，前の値 $(i = 1 \sim 3)$ は電界の方向 (x, y, z) に，後の値 $(j = 1 \sim 6)$ は応力の方向 (x, y, z, yz, zx, xy) に対応している。

d_{ij} の値は結晶構造に依存して決まる。結晶は対称性を持っているため，d_{ij} の多くの値は 0 になるとともにいくつかの値が同じ値を採る。例えば，代表的な圧電材料であるチタン酸バリウムの圧電定数はつぎのようになる。

$$\boldsymbol{d} = \begin{bmatrix} 0 & 0 & 0 & 0 & d_{15} & 0 \\ 0 & 0 & 0 & d_{15} & 0 & 0 \\ d_{31} & d_{31} & d_{33} & 0 & 0 & 0 \end{bmatrix}, \quad d_{31} < 0, \; d_{33} > 0 \tag{8.9}$$

この場合，図 **8.2** のように，z 方向に電界がかかった場合には，z 方向に伸びるとともに xy 方向に縮む。また，x 方向に電界がかかった場合には，zx 方向へのせん断ひずみを生じる。

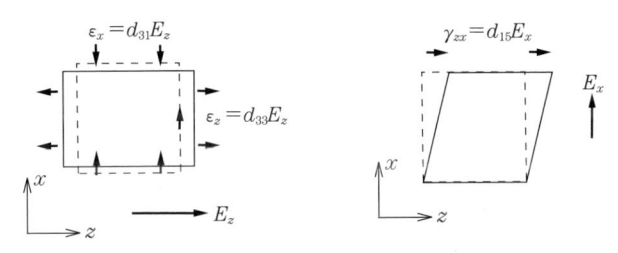

(a) 電界方向が z の場合 (b) 電界方向が x の場合

図 **8.2** 圧電効果によるチタン酸バリウムのひずみ

8.2.5 電気機械結合係数

圧電材料の内部エネルギー U は

$$U = \frac{1}{2}\boldsymbol{T}^t\boldsymbol{S} + \frac{1}{2}\boldsymbol{E}^t\boldsymbol{D} \tag{8.10}$$

と表されるが，式 (8.3) を用いれば，つぎのように三つの要素に分解できる．

$$U = U_M + U_{ME} + U_E \tag{8.11}$$

ただし

$$U_M = \frac{1}{2} \boldsymbol{T}^t \boldsymbol{s}^E \boldsymbol{T} \tag{8.12}$$

$$U_E = \frac{1}{2} \boldsymbol{E}^t \boldsymbol{\epsilon}^T \boldsymbol{E} \tag{8.13}$$

$$U_{ME} = \boldsymbol{E}^t \boldsymbol{d} \boldsymbol{T} \tag{8.14}$$

ここで，U_M は純粋に機械的なエネルギー，U_E は純粋に電気的なエネルギー，U_{ME} は圧電効果によって電気から機械，あるいは機械から電気エネルギーに変換される項である．

これら三つのエネルギーにより定義される

$$k = \frac{U_{ME}}{\sqrt{U_M U_E}} \tag{8.15}$$

を**電気機械結合係数**(electromechanical coupling coefficient) と呼ぶ．k^2 は，圧電素子に与えられた電気的エネルギーのうち機械的エネルギーの形で結晶中に蓄えられるエネルギーの割合を意味している．

電気機械結合係数 k の値は，電界やひずみの方向により異なるため，k_{31}（$\boldsymbol{d}$ の番号記法に従い，電界が z 方向，ひずみが x 方向の値）や，k_t（厚み方向の振動モードに関する値）などの代表値がカタログなどには記載されている．

8.3 バイモルフ形圧電素子

8.3.1 バイモルフ形圧電素子の構造と原理

圧電アクチュエータは単体では変位が非常に少なく，機械的動力源として利用することが難しい．最もよく使われている PZT ですら，圧電定数の値は $d_{33} = 400 \times 10^{-12}$ C/N 程度でしかなく，10 mm 厚の素材に 100 V の電圧を加えた場合のひずみは 4×10^{-6}，変位は 40 nm ときわめて微小である．

そこで，図 **8.3** のように 2 枚の圧電セラミックスの板を貼り合わせた**バイモルフ**(bimorph) という構造がよく使われている．その原理は，印加された電界によって片方の表面が収縮しもう片方が伸張することによって全体としての**曲げ運動**(bending) を作り出すものであり，**バイメタル**(bimetal) と同じ原理である．

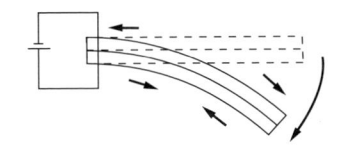

図 **8.3** バイモルフ形圧電素子の原理

バイモルフの長さを l，幅を w，厚さを t，印加電圧を V，ヤング率を E，とすると，変位 δ は次式で表される．

$$\delta \simeq 3\, d_{31} \left(\frac{l}{t}\right)^2 V \tag{8.16}$$

また，発生力 F はつぎのようになる．

$$F = \frac{3wt}{4l} E d_{31} V \tag{8.17}$$

例えば，$d_{31} = 200 \times 10^{-12}$ C/N, $l = 10$ mm, $t = 0.1$ mm の圧電アクチュエータに対して $V = 100$ V をかけた場合，セラミックス単体の伸縮は式 (8.9) より 2 µm にすぎない．これに対して，バイモルフ形圧電素子では，式 (8.16) より，0.6 mm の変位が得られることがわかる．

8.3.2 バイモルフ形圧電素子の応用

バイモルフ形圧電素子は，つぎのような特徴を持っている．
(1) 消費電力が小さい．
(2) 高速応答性がよい．
(3) 小形化が容易である．
(4) 低音である．
(5) 発熱が少ない．
(6) 電磁雑音が少ない．

(7) 変位が圧電素子としては大きい。

(8) 発生力が小さい。

この特長を生かして，さまざまな分野に適用されている。

（1） VTRヘッド用アクチュエータ　VTRの画像の高品質化にとって，ビデオトラックを安定して走査できることはきわめて重要である。記録の高密度化に伴ってビデオトラックが狭くなってくると，トラックとヘッドとのずれを受動的な方法で修正することが困難になってくる。

Ampex社は業務用ビデオデッキの能動スキャントラッキングシステムのために，図 **8.4** のようなS字形に変形する圧電バイモルフ形素子を開発した。支持部と先端部で電極を分割し，クロスした配線によって変形の方向を逆転させ，先端に付けた**磁気ヘッド**(magnetic head)の方向が変位によらず一定になるようにしている。このような機能をソレノイドで実現した場合，駆動用磁界の影響が画像のノイズとなって現れてくる問題があるが，圧電アクチュエータではそのような問題がない。

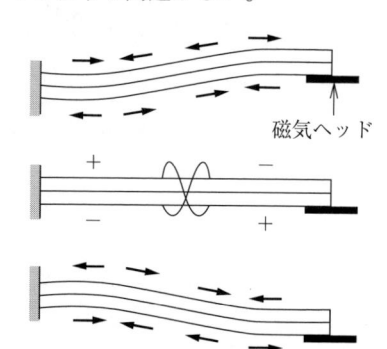

図 **8.4**　Ampex社によるVTR用S字変形バイモルフ形圧電素子

図 **8.5** はソニーの放送用VTRで採用されたツイン形バイモルフヘッドアクチュエータである。平行リンク構造を採ることによってヘッドの角度が一定になるように工夫されている。このアクチュエータはヘッド先端部で 130 μm の実用変位を実現している。

民生用VTRにおいても，図 **8.6** のようなリング状バイモルフ形圧電素子が松下電産により開発され，コンパクト可動ヘッドとして実用化されている。

8.3 バイモルフ形圧電素子　　81

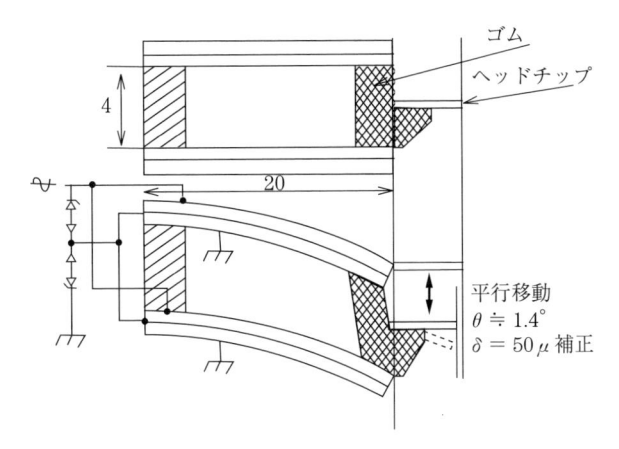

図 8.5 ソニーによる VTR 用ツイン形バイモルフヘッドアクチュエータ〔出典　ソニー（株）北村友三郎：平行ばね型バイモルフによる VTR オートトラッキングデバイス，日本工業技術振興協会固体アクチュエータ研究部会編，精密制御用ニューアクチュエータ便覧，フジ・テクノシステム，p.746 (1994)〕

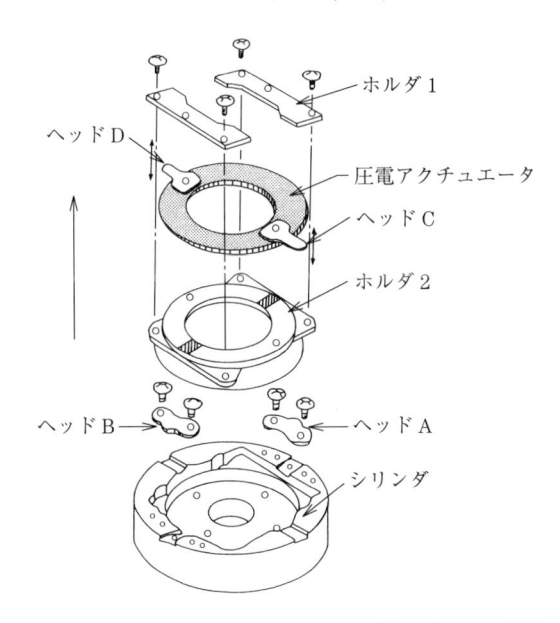

図 8.6 松下電産による VTR 用リング状バイモルフ形圧電素子〔出典　小林正明，富田雅夫，山田喜一郎，松本正幸：National Technical Report, 28, p. 419 (1982)〕

（2） CCD イメージセンサ用アクチュエータ　CCD イメージセンサはビデオカメラやディジタルカメラに広く用いられている撮像素子である。高い解像度を得ることには非常に高い要請があるが，LSI のパターンを高密度化したりチップサイズを拡大すると歩留まりが減少するという問題点がある。

図 8.7 はこの問題を解決するために作られたスイング形 CCD イメージセンサである。バイモルフ形圧電素子によって CCD チップを画素ピッチの 1/2 だけ平行移動させる。TV 信号の 1 フレームを 1 周期とし，二つのフィールド (A, B) で合計 2 回のサンプリングを行う。これによって，移動方向に 2 倍の空間解像度を得ることができる。また，パターンを高密度化する方法よりも感光有効領域を広くとることができ，ノイズを減少させることができる。剛性の高い両端支持機構を採用しながらも大変位を得るために，ひだを付けた支持機構を用い，内部応力による変位の減少を避けている。その結果，15 V の駆動電圧で 11 μm の変位を実現している。また，残留振動を低減するために駆動電圧の台形波形の立ち上がり（下がり）時間を最適化している。

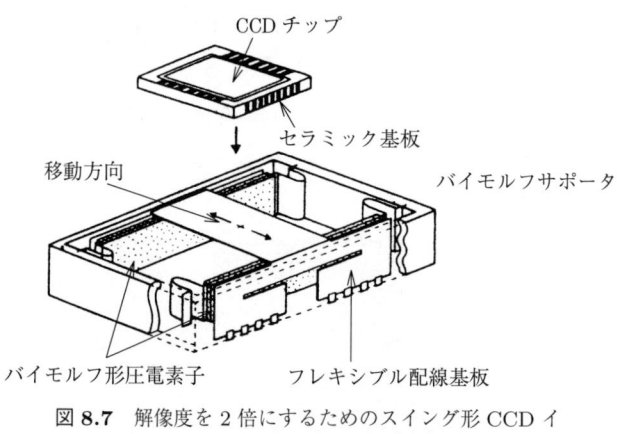

図 8.7　解像度を 2 倍にするためのスイング形 CCD イメージセンサ〔出典　横山勝徳，田沼千秋：エレクトロニクセラミクス 15，春号，p.45 (1984)〕

（3） 圧電ダンパ　図 8.8 のようにバイモルフ形圧電素子に生じた電荷が抵抗を介してショートするような回路を構成する。素子が加振されると振動に応じた交流電圧が発生するが，抵抗によってジュール熱として放散され，振動エ

図 **8.8** 圧電ダンパ

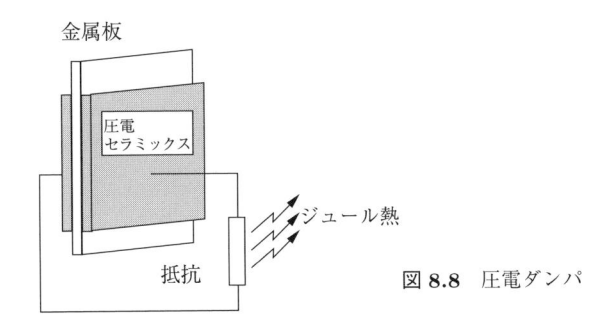

ネルギーは徐々に減少する。したがって，この素子は機械的ダンパとして機能することになる。この方式の特徴は，**減衰率**(damping factor) を抵抗値によって自由に変更できるところにある。

8.4 積層形圧電素子

8.4.1 積層形圧電素子の構造と原理

積層形 (multilayer) 圧電素子は，図 **8.9** のように膜状の圧電アクチュエータを多数積層することによって大変位を得る。

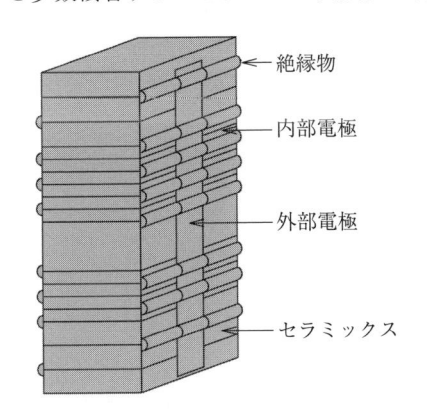

図 **8.9** 積層形圧電アクチュエータの構造
〔出典　NEC トーキンカタログ〕

積層形圧電素子の変位を理論的に求めてみよう。

積層形圧電素子全体の厚みを l，層数を n，印加電圧を V とする。電界の方向とひずみの方向は同じなので，応力が 0 のときのひずみと電界の関係は式 (8.9)

より

$$\epsilon_z = d_{33} E_z$$

となり，積層形圧電素子の変位 Δl は

$$\Delta l = d_{33} n V \tag{8.18}$$

となる．したがって，層を増やせば増やすほど大きな変位を得ることができる．例えば，$d_{33} = 400 \times 10^{-12}$ C/N，$l = 10$ mm の場合，層数が $n = 1$ では変位が $\Delta l = 40$ nm であるが，層数が $n = 200$ ならば $\Delta l = 8$ μm の変位を得ることができる．

図 8.10 (a) に台形波電圧をかけたときに発生する変位の波形を，図 (b) に電圧と変位との関係を示す．初回の未分極のときと分極後（2回目以降）では異なった特性を示すことがわかる．また，電圧-変位関係にはヒステリシスが存在している．図 (c) は発生力と変位との関係を示す．関係はほぼ線形であるものの同様にヒステリシスが存在している．ヒステリシスが問題になる精密制御用途では，ヒステリシスの少ない材料を使う，制御によってヒステリシスの低減をはかる，などの対策がとられる．

8.4.2 積層形圧電素子の応用

積層形圧電素子の特徴は，つぎのとおりである．
(1) 剛性が高い．
(2) 精度が高い．
(3) 発生力が大きい．
(4) 消費電力が少ない．

（1） ドットインパクトプリンタヘッド　　NEC では積層形圧電素子を用いて図 8.11 のようなインパクトドット方式プリンタのヘッドを開発した．積層形圧電素子に電圧が印加され伸張すると，レバー 1，2 の運動に変換され，それがレバー 3 の運動を引き起こすという 2 段の変位拡大機構によってワイヤを

8.4 積層形圧電素子

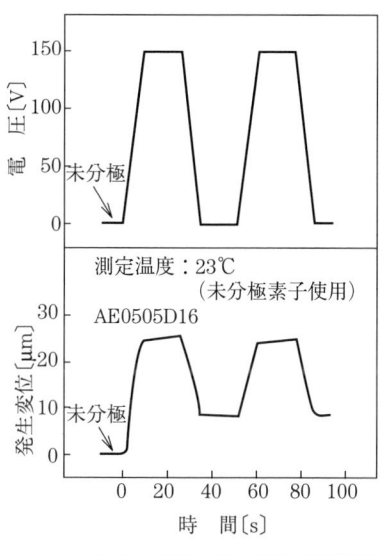

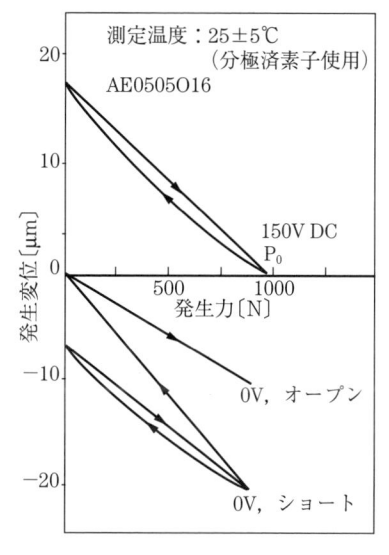

(a) 電圧, 発生変位-時間特性

(b) 発生力-発生変位特性

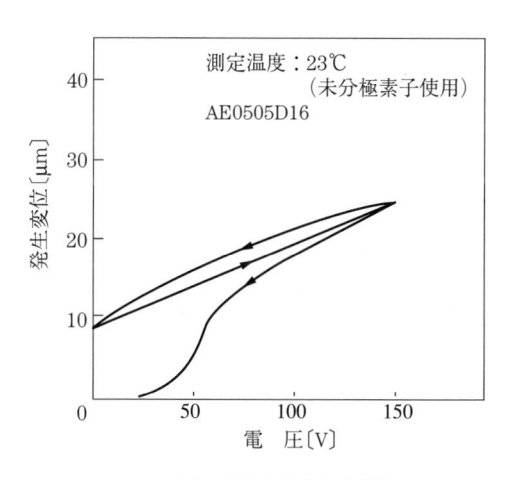

(c) 電圧-発生変位特性

図 8.10 積層形圧電素子の特性
〔出典　NECトーキンカタログ〕

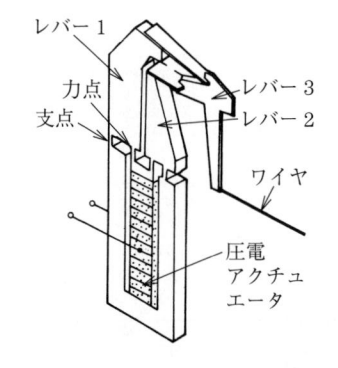

図 8.11 ドットインパクトプリンタヘッド〔出典 矢野健,浜付武重,福井泉,佐藤栄一:圧電縦効果型インパクトプリンタヘッドの変位拡大機構,昭和59年度電子情報通信学会総合全国大会,No.1-157 (1984)〕

駆動する。10 μm 程度の積層形圧電素子の変位がプリンタに十分な数 100 μm のワイヤ変位に拡大されている。

(2) 超精密位置決めステージ　　LSI の微細化が進むにつれ,製造装置には高精度の位置決めが必要である。従来のサーボモータによる駆動方式では,運動伝達機構に起因する精度の低下を避けることが困難であった。

森山らは,図 8.12 のような,サーボモータ駆動の粗動ステージの上で積層

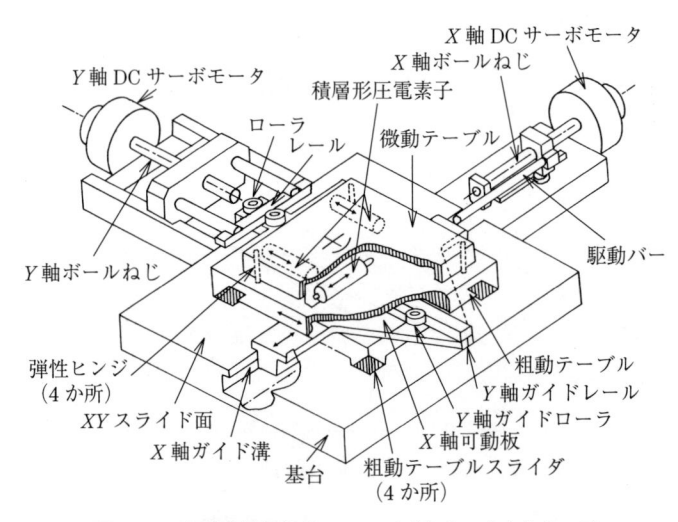

図 8.12 超精密位置決めステージ〔出典　森山茂夫,原田達夫,高梨明絃:圧電素子アクチュエータ微動機構を備えた超精密 X-Y 移動台,精密機械,Vol.**50**, No.4 (1983)〕

形圧電素子駆動の微動ステージが動く，という2段構造の駆動系を用いて超精密位置決めステージを開発した。これによって，非常に広い範囲にわたって0.05μmの位置決め精度，回転量1μrad以下の性能を実現している。

8.5 超音波モータ

8.5.1 超音波モータの特徴

圧電アクチュエータによる高周波振動を利用することによって回転あるいは並進運動を実現する新しいモータが開発され，実用化された。これは**超音波モータ**(ultrasonic motor)と呼ばれ，現在はカメラのオートフォーカス用などに広く用いられるようになってきている。

超音波モータを電磁モータと比較すると

(1) エネルギーなしで静止できる。
(2) 保持トルクが大きい。
(3) 始動トルクが大きい。
(4) 減速機なしで低速回転が得られる。
(5) 応答性が優れている。
(6) 非磁性材料で構成できる。
(7) 構造が簡単である。
(8) 摩擦駆動のため十分な耐久性を実現することが難しい。

という特徴がある。

8.5.2 超音波モータの構造と原理

超音波モータの原理にはさまざまなものがあるが，ここでは代表的な**進行波**(traveling wave)方式の超音波モータについて説明する。

図**8.13**のように弾性体の上に進行波が励起されている場合を考える。この表面の振動は次式で表される。

8. 圧電アクチュエータ

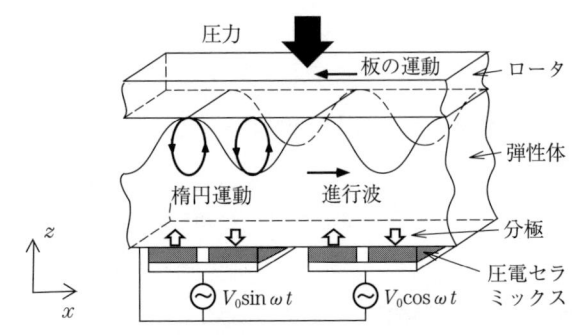

図 8.13 圧電セラミックスによってステータに励起される進行波と表面の楕円運動

$$z = z_0 \cos(nX - \omega t) \tag{8.19}$$

$$x = x_0 \sin(nX - \omega t) \tag{8.20}$$

ただし，X は板の長さ方向の位置，t は時間，n は空間角周波数，ω は時間角周波数である。

これは図中に示したような楕円運動を意味している。弾性体表面に物体を押しつけると，この楕円運動によって摩擦力が発生し，x 方向に駆動される。これを**摩擦駆動**(friction drive) と呼ぶ。駆動の方向は進行波の進む方向と逆向きである。

式 (8.19) を変形すると

$$z = z_0(\sin nX \sin \omega t + \cos nX \cos \omega t) \tag{8.21}$$

となり，位置と時間について $\pi/2$ の位相差を持つ二つの**定在波**(standing wave) の重ね合わされたものであることがわかる。したがって，図 8.13 のように 2 組の圧電セラミックスにより二つの定在波を作れば進行波を作り出すことができる。すなわち，2 組の駆動アクチュエータを 1/4 波長ずらして配置し，それぞれのアクチュエータの長さは 1/2 波長，隣り合うアクチュエータは逆位相の運動を行うように配線する。それぞれのアクチュエータを正弦波電圧で駆動すると，空間的に 1/4 波長ずれた二つの横振動が発生する。それぞれのアクチュエータについて正弦波電圧の時間的位相を $\pi/2$ だけずらしてやれば，式 (8.21) の条件

を満たすことになり，進行波が発生し，物体を駆動することができる。

効率よく楕円運動を発生させるためには，できるだけ少ないエネルギーで大きな振幅を得ることが望ましい。そのため，駆動周波数としては振動体の共振周波数が用いられる。

回転運動を得るためには，図 8.14 のようなリング形あるいは図 8.15 のようなディスク形の構造がとられる。

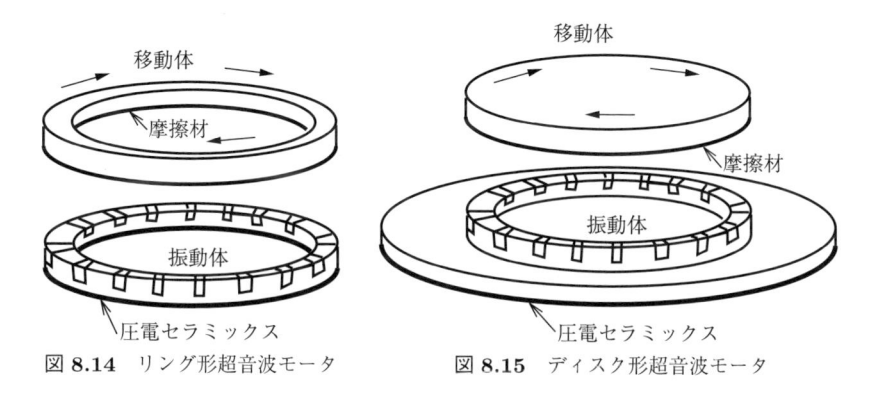

図 8.14　リング形超音波モータ　　図 8.15　ディスク形超音波モータ

リング形においては，リング形状の金属板に圧電セラミックスを接着することによって振動体を構成し，これにリング状の移動体を押しつけることによって摩擦駆動を行う。隣り合う電極どうしは分極方向を逆にとり，その長さを 1/2 波長分としている。また，二つのグループのセラミックスで空間位相を $\pi/2$ ずらすために，1/4 波長の空隙が設けられている。そして，この 2 グループに $\pi/2$ の時間的位相差を持つ正弦波電圧を与える。これによって，同様に式 (8.21) の条件が満足され，進行波が発生し，表面の楕円運動による摩擦駆動が実現する。

ディスク形は振動体が円板であるところがリング形と異なる。駆動電極は円周方向に 1/4 波長の長さを持ち，一つおきに極性が反転するように配線され，2 組の電極のグループをなしている。これに位相が $\pi/2$ だけずれた駆動電圧を与えれば，二つの定在波を与えたのと同じになり，進行波が発生する。円板であるためにその共振点における振動のモードはベッセル関数 (Bessel function)

を含む複雑な形となるが，中心孔では振幅が0であるために取り付けに有利であり，摩擦駆動のための振幅を大きくとることができるという長所がある．

8.5.3 超音波モータの特性

図 8.16 および表 8.3 に，例として定格出力 1.3W の超音波モータの特性の例を示す．DC，AC サーボモータの特性と比較すると，トルクが大きく，回転数が低いことがわかる．しかし，耐久性の点では明らかに劣っており，TPO に応じた使い分けが必要である．

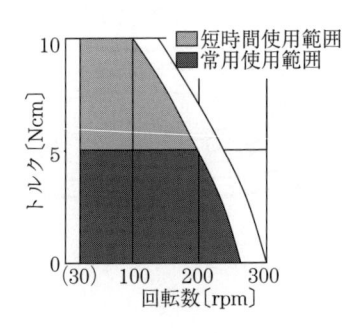

図 8.16 超音波モータの回転数-トルク特性
〔出典　新生工業：超音波モータカタログ〕

表 8.3　超音波モータの特性の例[33]

定格出力 (rated power)	1.3 W
駆動周波数 (driving frequency)	50 kHz
駆動電圧 (driving voltage)	110 V
定格トルク (rated torque)	0.05 Nm (0.5 kgf·cm)
定格回転数 (rated speed)	250 rpm
最大トルク	0.1 Nm (1 kgf·cm)
保持トルク	0.1 Nm (1 kgf·cm)
応答性 (response)	1 ms 以下（慣性負荷なし）
回転方向	時計まわり，反時計まわり
耐久時間 (durability)	2 000 時間
重量 (weight)	45 g

8.6 インパクト駆動アクチュエータ

8.6.1 インパクト駆動方式

圧電素子の長所である高速応答と高発生力に着目し，周期的にインパクト振動を発生させて直線的な変位を得る機構やアクチュエータが開発されている。樋口らは，圧電素子の急速変形に伴う衝撃力によって移動する**インパクト駆動機構**を考案した[34]。移動原理を**図 8.17** に，その説明を以下に示す。

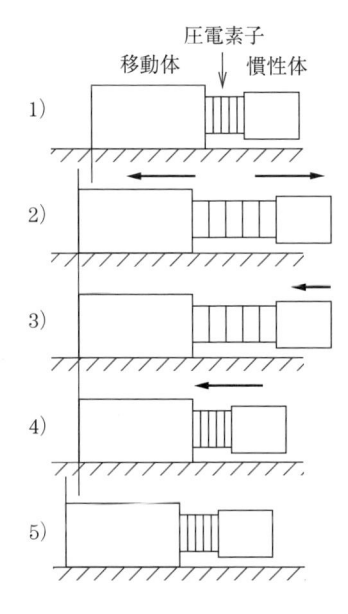

図 8.17 インパクト駆動方式による移動原理〔出典 樋口，渡辺，工藤：圧電素子の急速変形を利用した超精密位置決め機構，昭和 62 年度精密工学会春季大会講演論文集，pp.919 (1988)〕

1) 圧電素子を初期状態にしてサイクルを開始する。移動体はその両面をガイドレールに強く挟まれるなどして，大きな摩擦力で保持されている。
2) 圧電素子へ急激に電圧を印加して伸長させ，移動体と慣性体に重心から離れる方向への移動を引き起こす。
3) 移動体が滑らないようにゆっくりと圧電素子を収縮させる。
4) 圧電素子が初期長さになった時に収縮を急に止めると，慣性体が移動体に衝突した形になり，移動を引き起こす。

5) 運動エネルギーをレールとの摩擦や摩耗に変換しながら滑る。

以上 1)〜5) の繰り返しにより，リニアアクチュエータとして連続的に変位する。逆方向の移動は，圧電素子の電圧サイクルを変えるだけである。移動量は数 nm から数十 μm である。おもに微小位置決め装置に採用されている。

このインパクト駆動方式を応用し，下記のようなさまざまな機構が研究開発され，一部実用化されている。

（1） **圧電インジェクタ，精密インジェクタ**[35]　　インパクト駆動機構をピストンの移動に利用することで，液体や細胞を精密に吐出できるインジェクタが試作されている。図 **8.18** に示すように，樹脂や金属でできたシリンジに，圧電インパクト駆動機構を組み込んだピストンを挿入して使用するという，きわめてシンプルな構成である。

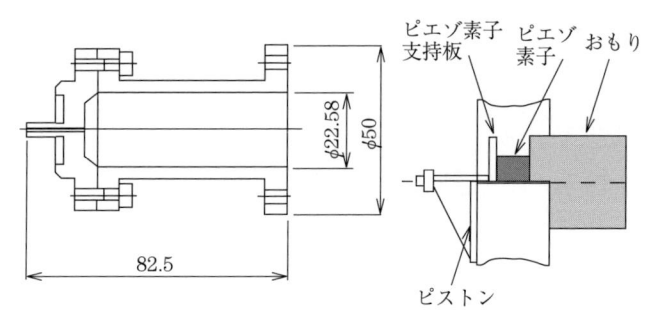

図 **8.18**　圧電インジェクタ（左：シリンジ，右：ピストン）〔出典　工藤，村田，山形，樋口：精密インジェクタの開発，日本機会学会ロボティクス・メカトロニクス講演会 '96 論文集 (1996)〕

前ページに述べたのと同じ原理でピストンをステップ状に微小移動させることで，シリンダ内の液体を微量ずつ繰り返し精度よく押し出すことができる。小形高性能化する家電製品への接着剤の微細部塗布，生体への薬剤や溶液の注射や点滴，DNA を細胞にもしくは精子を卵子に挿入する細胞操作など，家電産業，医療，バイオテクノロジーでの幅広い適用が期待できる。

（2） **多自由度移動機構**[36]　　インパクト駆動機構を複数用いることで，シンプルな構造で多自由度の並進・回転運動が実現できる。図 **8.19** は，三つの

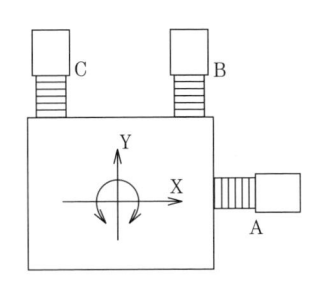

図 8.19 3自由度平面運動機構
〔出典： Yamagata, Y., Higuchi, T., Nakamura, N., Hamamura, S.：A Micro Mobile Mechanism Using Thermal Expansion and its Theoretical Analysis, Proc. International Workshop on Micro Electromechanical System (MEMS'94), pp.142〜147 (1994)〕

圧電素子と慣性体が一つの移動体に接着した3自由度平面運動機構である[37]。Aの駆動でX軸並進移動，BとCを同方向に駆動するとY軸並進移動，異方向に駆動すると重心まわりの回転運動となる。平面上の任意位置への移動と任意姿勢が実現できる。

図 8.20 は，関節部はボールジョイント，断面形状は正三角形であるアームに，六つの圧電素子と慣性体がに接続された3自由度回転関節である。六つの圧電素子を独立に駆動制御することで，ボールジョイントを座標原点とする x 軸，y 軸，z 軸の3軸の回転運動が生成される。通常，モータを用いて3軸回転させるためには三つの回転関節が必要であるが，この駆動機構では一つの関

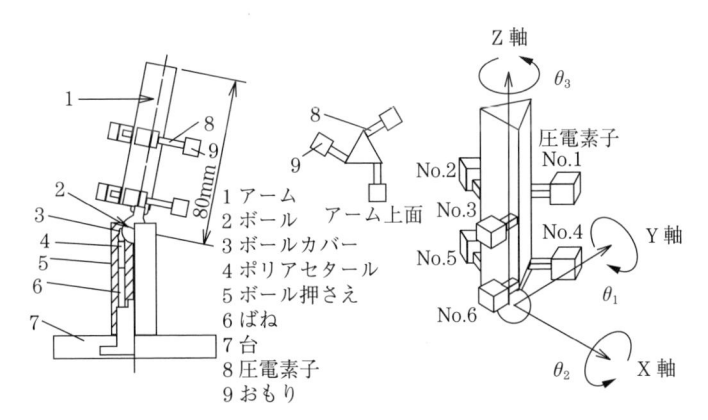

図 8.20 3自由度回転関節〔出典 樋口俊郎，山形豊：圧電素子の急速変形を利用したマイクロロボットアーム，日本ロボット学会誌, Vol.8, No.4, pp.479〜482 (1990)〕

節ですみ，剛性が高まる．長さ 80mm のアーム先端の位置決め精度は，0.1μm であり，高精度である．さらに駆動機構が単純であることから，関節機構を組み合わせた多自由度のマイクロロボットアームが開発されている．小形でありながら複雑な運動が可能である．

（ 3 ） スムーズインパクト駆動機構[38)] インパクト駆動機構を発展させることで，よりスムーズな動きが可能な駆動機構（**スムーズインパクト駆動機構**）の開発が進められている．図 **8.21** のように，圧電素子の一端に駆動軸が取り付けられ，他端は固定されている．移動体は駆動軸に摩擦保持されている．圧電素子をゆっくり伸ばすと，移動体は滑ることなくゆっくり前進する．その後圧電素子を急速に縮めると，駆動軸がすばやく動くため，移動体は滑りにより，ほぼその位置にとどまる．この「ゆっくりな伸び」と「急速な縮み」を繰り返すことで，移動体の大きな変位が得られる．

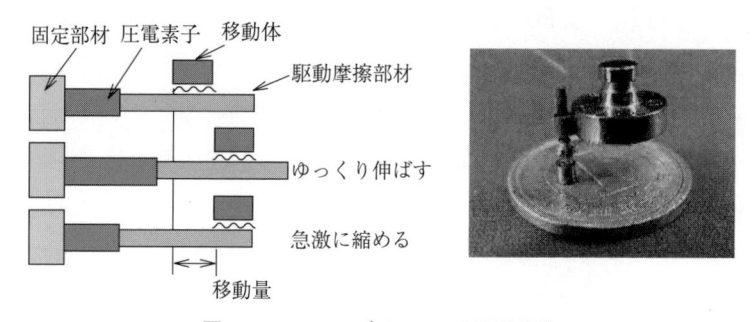

図 **8.21** スムーズインパクト駆動機構
〔提供　吉田龍一氏〕

機構の構造，駆動原理ともに単純であり，圧電素子の高速微小変位により，小形化と高精度化が容易である．そのため，携帯電話に搭載されているカメラのオートフォーカスや絞りを駆動したり，ディジタルカメラの CCD 素子を平面駆動することで，手振れを補正する機構に採用されている．

8.6.2　サイバネティックアクチュエータ

インパクト駆動方式で中高速変位を得るには，高周波駆動とインパクト移動時

8.6 インパクト駆動アクチュエータ

の摩擦損失の軽減が必要となる。生田らは，電磁コイルを用いてガイドレールとの摩擦力を制御することのできる**サイバネティックアクチュエータ**を考案した[39]。サイバネティックアクチュエータとは，人間の腕など複数の骨格筋から構成される筋肉系全体の力学特性が「状態1：free（無拘束状態）」「状態2：decreasing（負荷と反対方向への運動）」「状態3：increasing（負荷と同方向への運動）」「状態4：lock（拘束状態）」の4状態を持つアクチュエータの総称であり，1966年に R.Tomovic, R.MacGee らによって名付けられた[40]。

図 **8.22** が試作されたアクチュエータである。左から電磁コイルが巻かれた移動体，積層形圧電素子，慣性体の順に接続されている。電磁コイルに通電することにより，アクチュエータ本体が金属レール面に磁気吸着して lock 状態を，通電を切ることにより free 状態を実現できる。正，負方向への移動は，圧電素子の電圧と電磁コイルへの電流を協調的に印加することにより行われる (decreasing, increasing 状態)。これにより概念でしかなかったサイバネティックアクチュエータを初めて具現化された。

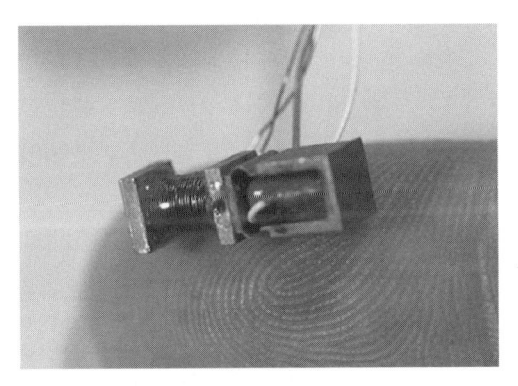

図 **8.22** 試作されたサイバネティックアクチュエータ
〔出典　生田幸士，野方誠，有冨智：腹腔内手術用超冗長能動内視鏡の研究，日本ロボット学会誌，Vol.**16**，No.4，pp.569〜575 (1998)〕

この機構の移動原理は，図 8.17 の移動原理に対し，ステップ 2, 3, 5 が異なる。

2) 圧電素子が急速に伸長するとき，コイル電流はOFFで摩擦力を極力0にすることで，逆方向の移動量が増える

3) 電磁コイルに通電して磁気吸着し摩擦抵抗を最大にすることで，圧電素子を急速に収縮させても移動体が滑らない

5) 慣性体が衝突する瞬間にコイル電流をOFFにして摩擦抵抗を極小にすることで，大きな移動量が得られる

以上により，大幅な高速化と高周波駆動，摩擦損失の軽減が実現されている．下記にサイバネティックアクチュエータの特長を示す．

(1) **高速度・高出力重量比**[41),42)]　サイズは12×4×4mm，重量1.0gfの小形軽量でありながら，最高速度30mm/s以上，最大発生力74.2gf(出力重量比74.2)，最大静止力148.6gf(出力重量比148.6)という十分な特性を実現することができた．微小移動機構でしか生かせなかった圧電素子の発生力を，摩擦力の切り替えを行う駆動原理により引き出せた結果によると考える．

(2) **摩擦力制御の線形性**[41),42)]　アクチュエータのコイルに加える電流 i と摩擦力 f の関係（測定値）を図 **8.23** に示す．ここではディザ (dither)[43)] の手法を用いた．一般にディザは，高周波の微小振動により摩擦力の軽減と安定化を行う方法である．駆動実験では，アクチュエータの圧電素子部へ高周波電圧を加え，移動面上を前後に微小振動させた．ディザを用いたものはそうで

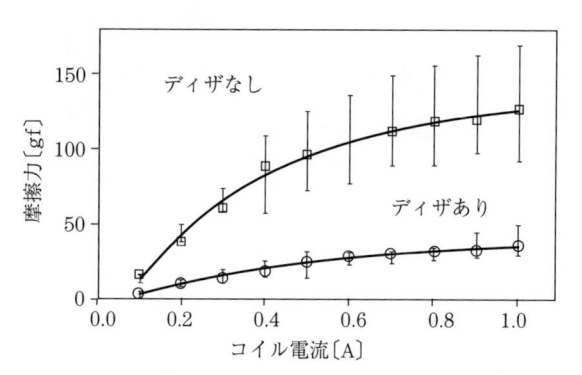

図 **8.23** 摩擦力制御〔出典　生田幸士，野方誠，有冨智：腹腔内手術用超冗長能動内視鏡の研究，日本ロボット学会誌，Vol.**16**, No.4, pp.569〜575 (1998)〕

ないものに比べ,摩擦力の値は低下するが,すべての測定値において分散が大幅に小さく,線形な摩擦力を発生することができた.

(3) **超音波領域で駆動可能**[44]　図 **8.24** にサイバネティックアクチュエータの移動速度の駆動周波数依存性を示すグラフを載せる.20 kHz 以上は超音波領域であるため,人の耳にはまったく聞こえない無騒音駆動が実現できている.

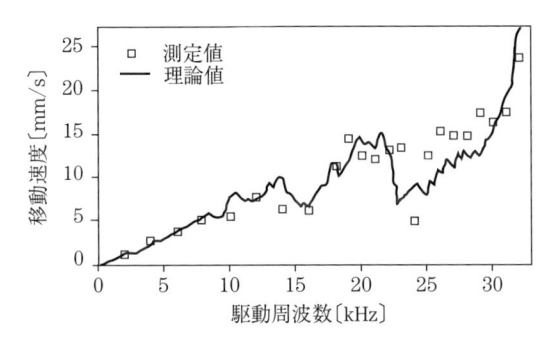

図 **8.24** 移動速度の周波数依存性〔出典　生田幸士,野方　誠:分布型マイクロアクチュエータの最小配線駆動の研究,日本ロボット学会誌,Vol.**16**,No.6,pp.791〜797 (1998)〕

グラフ中の実線は,慣性体と移動体をばね・ダンパで連結された質点としてモデル化を行い,それぞれの運動方程式 (8.22),(8.23) より動的挙動をシミュレーションしたものである.

$$M_{inr}\ddot{x}_{inr} + C_{pzt}(\dot{x}_{inr} - \dot{x}_{mov}) + K_{pzt}(x_{inr} - x_{mov}) = -f_{pzt} \tag{8.22}$$

$$M_{mov}\ddot{x}_{mov} + C_{pzt}(\dot{x}_{mov} - \dot{x}_{inr}) + K_{pzt}(x_{mov} - x_{inr}) \\ = f_{pzt} - sgn(\dot{x}_{mov})f \tag{8.23}$$

$$f_{pzt} = A_{pzt}\sigma = \frac{A_{pzt}V/L_{gap}}{s} \tag{8.24}$$

$$\text{sgn}(x) = \begin{cases} +1 : x \geq 0 \\ -1 : x < 0 \end{cases} \tag{8.25}$$

ここで，M_{inr}, M_{mov} は慣性体と移動体の質量，x_{inr}, x_{mov} は慣性体と移動体の変位，f_{pzt} は圧電素子の発生する力，C_{pzt} は粘性係数，K_{pzt} は弾性係数，A_{pzt} は断面積，L_{gap} は電極間距離，s はヤング率の逆数，f は摩擦力，d は圧電定数，V は印加電圧を示す．

提案されている動的モデルの解析により，超音波インパクト駆動アクチュエータ特有の挙動，すなわち固有振動数やレールとの摩擦などに起因する微小振動と駆動波形の重ね合わせにより，移動することや周波数のわずかな違いで速度が小刻みに変化すること，駆動周波数によっては速度が急激に増減するなどの現象が表現できている．

（4）**周波数変調による速度制御**[44]　上記の速度の周波数依存性を積極的に利用して速度制御を行う**周波数変調形速度制御**が提案されている。駆動周波数による線形な速度制御はもちろんのこと，従来は前進と後退に2種類必要であった駆動波形が，提案された制御方法を用いることで，周波数の調整のみで進行方向の切り換えができるようになった．また図 **8.25** のように固有振動数をずらしたアクチュエータが並列につながれたものにこの制御方法を行うことで，複数のアクチュエータの速度を独立に制御することに成功している．これにより多自由度機構の駆動配線数の最小化が実現可能である．

（5）**安　全　性**　サイバネティックアクチュエータの摩擦力制御機能に

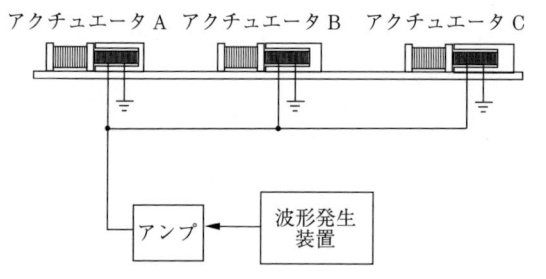

図 **8.25**　駆動配線数の最小化〔出典　生田幸士，野方誠：分布型マイクロアクチュエータの最小配線駆動の研究，日本ロボット学会誌，Vol.**16**, No.6, pp.791～797 (1998)〕

より
(1) 磁気吸着力の最大値を人に危害を与える最小の力に設定した場合，外力がこの値を超えるとアクチュエータに滑りが生じることで，過大な負荷が人に伝わらなくなる
(2) 滑ることで，過負荷はレールとの摩擦で熱エネルギーなどへ変換され消費される
(3) 誤操作やプログラムエラーでロボットが人を巻き込んだまま停止した場合，電源OFFで磁気吸着力が0の無拘束状態になることで，安全に脱出させることができる

といったリスク低減方策を実施することができる。

章末問題

【1】 圧電アクチュエータが高周波・高電圧により高励振動したときに生じる好ましくない現象を述べよ。
【2】 前問で生じる現象の原因を述べよ。

9 その他のアクチュエータ

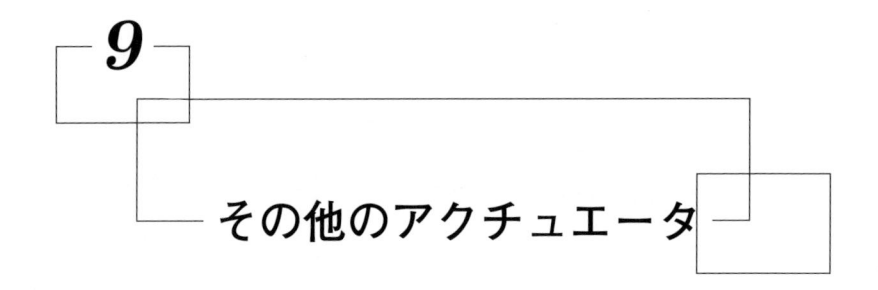

電磁モータや油空圧は，現在もさまざまな改良が続けられているものの，原理的にはすでに確立され，実用の立場からの検討もされ尽くした分野であるといえよう。これに対してまったく新しい原理や材料でアクチュエータを構成しようという研究開発が進みつつある。古くは圧電セラミックスもそのようなニューアクチュエータの一つであったが，研究開発の結果，現在では超精密位置決めなどに欠かせないアクチュエータに成長している。

新しい原理や材料はこれまでの方式を根本的に変え，今まで限界だと信じられていた壁を打ち破る可能性を秘めている。その意味で，ニューアクチュエータの研究は不可能を可能にするチャレンジであるといえよう。

本章ではそのような研究段階のアクチュエータの代表的なものを紹介する。

9.1 形状記憶合金アクチュエータ

9.1.1 形状記憶合金の働き

形状記憶合金(shape memory alloy, SMA)は温度によって形を記憶する機能を持つ金属である。すなわち，通常の金属材料では図 **9.1**(a) のように降伏点を超えたひずみを与えると**塑性変形**(plastic deformation) を起こし，外力を 0 に戻しても元の形に戻らず，永久変形が残ってしまう。それに対して，形状記憶合金では図 (b) のように**マルテンサイト逆変態温度**(martensite inverse transformation temperature)A_f 以上に温度を上げると，ひずみが 0 になり，

9.1 形状記憶合金アクチュエータ

図 9.1 (a) 通常の金属材料の特性 / (b) 形状記憶特性 / (c) 超弾性特性

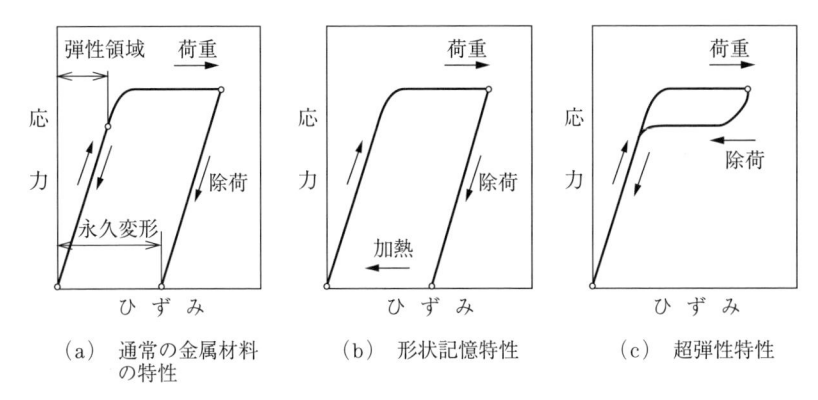

図 **9.1** 金属材料のひずみ-応力曲線

元の形に戻るという性質がある。これを**形状記憶効果**(shape memory effect)と呼ぶ。

形状記憶合金が持つもう一つの重要な機能として，**超弾性**（superelasticity）がある。これは，図 (c) のように，**降伏点**(yield point) を超えた後でも外力を 0 に戻すとまるでゴムのようにひずみが 0 に戻る性質である。

9.1.2 形状記憶合金の動作原理

このような性質が起きる原理は**図 9.2** のように説明されている。一般的な金属材料では降伏点を超える外力が加わると結晶内で原子の滑り現象が起きてひずみが発生する。隣の原子の位置までずれが起きているため，外力を 0 に戻し

(a) オーステナイト相 / (b) 一般的な金属の変形 / (c) マルテンサイト相 / (d) 双晶変形

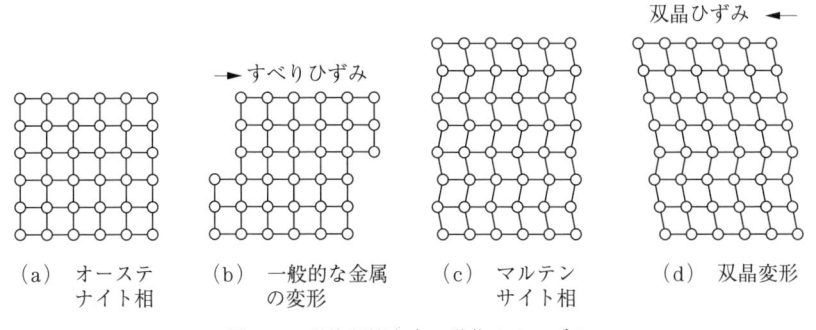

図 **9.2** 形状記憶合金の動作メカニズム

ても元の状態に戻ることはない。一方，形状記憶合金の場合，**マルテンサイト変態温度**(martensite transformation temperature)M_f 以上の温度では通常の金属特性を持つ**オーステナイト相**(austenite phase; 母相) となっている。M_f 以下に冷却すると，図 (c) のように結晶構造が同じで方向が異なる**マルテンサイト相**(martensite phase) の兄弟晶が生成される。この変態ではそれぞれの結晶のひずみが打ち消しあうために形状は変化しない。この状態の形状記憶合金に外力を与えると，**双晶**(twin crystal) **変形**と呼ばれる結晶の方向が転換するメカニズムでひずみが生じ，滑りは起きない。双晶変形は低応力で起きるため，この状態の形状記憶合金は非常に柔らかい。これを逆マルテンサイト逆変態温度 A_f 以上に加熱すると，マルテンサイト相はオーステナイト相に逆変態する。滑りがなく，結晶構造は元のトポロジーを保っており，かつ，オーステナイト相は剛性が高いため，この合金は元の形状に復帰する。これが形状記憶効果の原理である。

逆変態温度 A_f 以上の合金に対して外力を加えると，オーステナイト相からマルテンサイト相への変態が引き起こされる。そして，マルテンサイト兄弟晶が生成され，双晶変形によるせん断ひずみが生じる。ところが，この状態はエネルギー的に不安定 (instability) であり，このままの状態を保つことができない。そのため，外力を除くと合金は元のオーステナイト相に逆変態し，形状が元の状態に戻ることになる。これが超弾性の原理である。

形状記憶特性を示す金属は数多く存在するが，繰り返し特性と耐腐食性の観点から Ti-Ni 合金が最もよく使われている。変態温度などの特性値は，合金の組成，熱処理，加工法などに依存して決まる。

9.1.3　形状記憶合金アクチュエータの特徴

形状記憶合金アクチュエータの特徴は，つぎのとおりである。
(1)　力-重量比が高く，小形軽量化が容易である。
(2)　エネルギー変換効率は低い。
(3)　低速である。

(4) 微小変位が可能である。
(5) 構造が単純である。
(6) 電気抵抗によって位置センシングができる。
(7) 静粛性が高い。

9.1.4 形状記憶合金アクチュエータの利用技術

形状記憶合金をアクチュエータとして利用するときの問題点と解決策は，つぎのとおりである．

(1) 問題点 熱の伝達に起因して冷却が遅く，そのため応答が遅い．
    解決策 微小化・細線化することによって表面積を増やす．冷却水・ヒートシンク・ペルチェ素子・空冷ファンなどによって強制冷却する．
(2) 問題点 変形が小さい．
    解決策 線材をコイルにしたり変位拡大機構を用いることによって変形を拡大する．
(3) 問題点 加熱が必要．
    解決策 線材に直接電流を流して加熱する．インピーダンス (impedance) を高くするために，線材長ができるだけ長くなるような構成を取る．
(4) 問題点 ヒステリシスが大きい．
    解決策 抵抗値によってフィードバックをかけ，変態率を制御する．
(5) 問題点 オーバヒートの回避が必要．
    解決策 抵抗値によるフィードバックを行い，電流を制限する．

9.1.5 形状記憶合金の応用

形状記憶合金の応用を分類すると，つぎのようになる[45]．

(1) 形状回復だけの利用
(2) 形状回復と変態応力の利用（パイプ継手，凝血フィルタ，脊椎矯正棒）

(3) 温度センサまたは温度感応形アクチュエータ（エアコンの風方向切り替えフラップ機構，感熱弁，温室窓の自動開閉）

(4) サーボアクチュエータ（ロボット，マイクロアクチュエータ）

(5) エネルギー変換（低温度差発電のための熱エンジン）

(6) 防振材料

(7) 超弾性の利用（歯列矯正用ワイヤ，めがねフレーム，ブラジャーワイヤ，ロボットの接触センサ）

これらのうち製品化されたものも多く，今後さらに形状記憶合金の普及は進んでいくと予想される。

図 9.3 は生田らによって試作された形状記憶合金を用いた能動内視鏡である[46]。拮抗し合う 3 組の形状記憶合金によって五つのユニットが独立に 2 方向への曲げ運動を行うことができる。全長 210 mm，外形 13 mm，形状記憶合金ワイヤ径 0.2 mm，コイル径 1 mm の構成で，1 ユニット当り 60° の屈曲角，30°/s の屈曲速度を実現している。

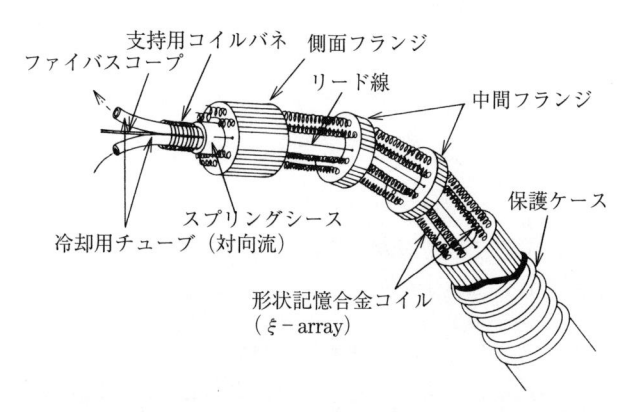

図 9.3 形状記憶合金による能動内視鏡〔出典 広瀬，生田，塚本：形状記憶合金アクチュエータの開発（材料特性の計測と能動内視鏡の開発），日本ロボット学会誌，Vol.5, No.2, pp.3～16 (1987)〕

9.2 高分子アクチュエータ

高分子アクチュエータ(polymer actuator)[47),48)] はきわめて軽量で，柔軟性や成形性に優れており，身体に接触したり装着するロボットの駆動源として期待されている。このアクチュエータは，温度変化，化学物質の交換，光刺激や電圧印加によって高分子材料が変形したり膨張収縮することで，力学エネルギーを発生する。

ロボット制御用アクチュエータ材料には電圧印加型が適しており，現在実用化に向け開発が進んでいる。本節では，その中から**イオン導電性高分子**を用いた **ICPF アクチュエータ**（ionic conducting polymer gel film actuator）について解説する。そのほかにも，ポリアセチレン，ポリピロール，ポリアニリンといった電気化学的な酸化・還元によって伸縮や変形する**導電性高分子**を用いたアクチュエータ，静電引力が働く電極間にエラストマなどの弾性誘電体やフッ素系樹脂などの強誘電体を挟み込んだ**電歪型高分子**を用いたアクチュエータなどがある。

9.2.1 ICPF アクチュエータの原理と特徴

ICPF アクチュエータは 1992 年に小黒らによって発見された高分子複合材料である[49)]。この材料は**パーフルオロスルホン酸膜**(perfluorosulfonic acid membrane) の上に白金を**無電界めっき**(electroless plating) したものである。水中において両側の白金層を電極として電圧を印加すると膜が曲げ運動を行うという性質を持っている（図 **9.4**）。その動作原理はまだ完全に明らかにされていな

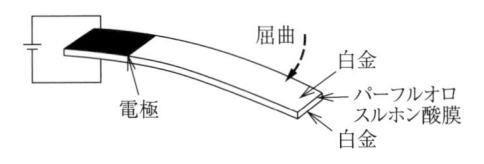

図 **9.4** ICPF アクチュエータ

いが，膜内のイオンの移動が水分子の移動をもたらし，膜表面の膨潤収縮が内部応力を発生していると考えられている．

その特性はつぎのように要約される．
(1) 駆動電圧が低い ($1.0 \sim 1.5$ V)．
(2) 高速に応答する (> 100 Hz)．
(3) 柔軟性が高い ($E = 2.2 \times 10^8$ Pa)．
(4) 小形化が容易である (mm オーダ)．
(5) 耐久性が高い ($> 1 \times 10^5$ 回)．
(6) 発生力が小さく対象に過大な力を与えない ($2 \times 10 \times 0.18$ mm カンチレバー先端で，0.6 mN)．
(7) 水中あるいは湿潤状態で動作する．
(8) 位置出力形のアクチュエータでなく，長時間一定位置を保持することができない．

このように，ほかのアクチュエータにない際立った特性を ICPF アクチュエータは持っている．

9.2.2 ICPF アクチュエータのモデリング[50)]

ICPF アクチュエータの動作原理はまだ明らかにされていないので，物理的解析モデルを作ることはできない．そこで，屈曲の原因は電流によって膜の表面に内部応力が発生することにあると考え，図 **9.5**(a) のような独立な三つの部分からなるモデルを仮定した．

電気的特性として，物理的に存在する白金層の表面抵抗は実測により求めた．定常状態で流れる電流は膜の表面間抵抗で説明されると考えた．残る電流の指数関数的な漸近曲線は一次の特性すなわち抵抗とコンデンサで近似することにした．これらの要素が分布定数系を構成することで，広がりを持つ膜全体の電気的特性を表現することとした．結果として図 (b) のモデルを得ることができた．このモデルによれば，片持ばり状の ICPF アクチュエータの場合，電極に近い部分に大きな電流が流れるため変形が大きい，先端部分では抵抗が大きく

9.2 高分子アクチュエータ

(a) モデルの全体構成

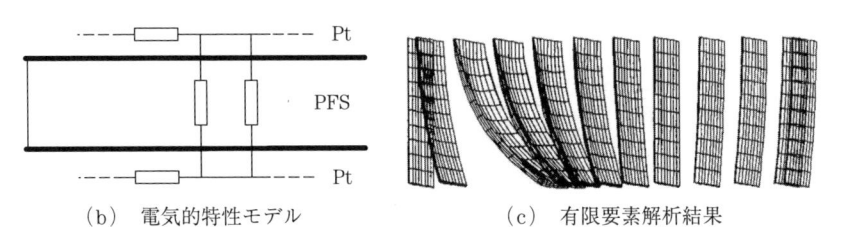

(b) 電気的特性モデル

(c) 有限要素解析結果

図 9.5　アクチュエータモデルの構成〔出典　田所諭：柔らかいアクチュエータ，日本ロボット学会誌，Vol.15, No.3, pp.318〜322(1997)〕

なるため時定数が大きい，ということが予測される．実験はそのとおりの結果を示し，このモデルが妥当であることを裏づけた．

機械的特性はレーレ減衰を持つ弾性体と仮定された．

応力発生特性は，このアクチュエータの動作原理に深く関わる部分である．圧電材料のように定数の応力発生テンソルによって表現することを試みたが，シミュレーションと実験データは本質的な食い違いを見せた．この材料は粘性減衰が大きいため，陽極側への振り返し運動はその方向への応力の発生によってしか説明できないという結論に至った．そのため，微分要素に二次遅れが加わったものとしてテンソルが構成された．

有限要素解析の結果を図 9.5(c) に示す．シミュレーション結果は細い短冊状のアクチュエータに関しては定量的に実験と一致したが，面積の広い場合にはそれほどよい一致をみることができていない．非線形性や水の移動に関する考察が必要であると考えられている．

9.2.3　ICPF アクチュエータの応用

田所らは，図 9.6 のような，4 本の ICPF アクチュエータを用いて 3 自由度運動を行うマイクロマニピュレータを試作した．先端部で最大 2 mm の変位と

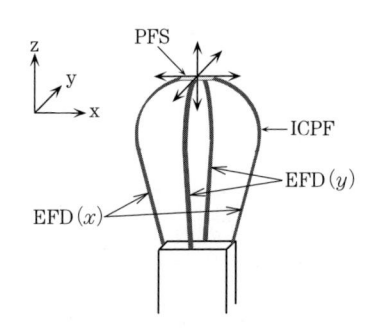

図 **9.6** ICPF アクチュエータによる 3 自由度マニピュレータ〔出典 Tadokoro, S., Yamagami, S., Ozawa, M., Kimura, T., Takamori, T., Oguro, K.：Multi-DOF device for soft micromanipulation consisting of soft gel actuator elements, Proc. of IEEE Intl. Conf. on Robotics and Automation, Detroit, pp.2177〜2182(1999)〕

13 Hz の応答速度を実現した[51]。

小築，釜道，山北らは，図 **9.7** のような 2 本の ICPF をさらに薄い ICPF で接続しそれを 2 対組み合わることで直動運動する構造を，関節駆動に適用した小形歩行ロボットを試作し数歩の歩行を実現している[52]。

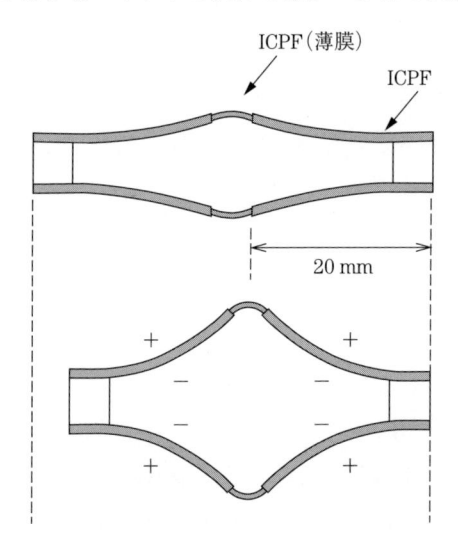

図 **9.7** ICPF 直動アクチュエータ〔出典 小築，釜道，山北，安積，羅：IPMC 直動アクチュエータを用いた歩行ロボット制御，日本ロボット学会第 22 回学術講演会予稿 CD-ROM，2C15 (2004)〕

ICPF アクチュエータは，執筆現在の段階ではまだ実用に達しているとはいえないが，将来有望なアクチュエータの一つである。

9.3 ER流体アクチュエータ

ER流体(electro-rheological fluid)は電界によってその**粘度**(viscosity)が変化するという性質を持つ。この原理をアクチュエータに利用したものがER流体アクチュエータである。同様に磁界によって粘度が変化する**磁性流体**(magnetic fluid)を用いた磁性流体アクチュエータも存在する。

ER流体にはシリカゲルなどの粉末のコロイドによる粒子系流体と，液晶を用いた均一系流体の2種類がある。

粒子系ER流体はシリカゲルなどの粉末のコロイド溶液である。電界がかかると，図9.8のように流体中に分散していた粒子が**誘電分極**(dielectric polarization)を起こし，電界の方向に粒子の鎖を形成する。これが電極間の流体の流れに対する抵抗や，電極の平行運動に対する抵抗を生じる。

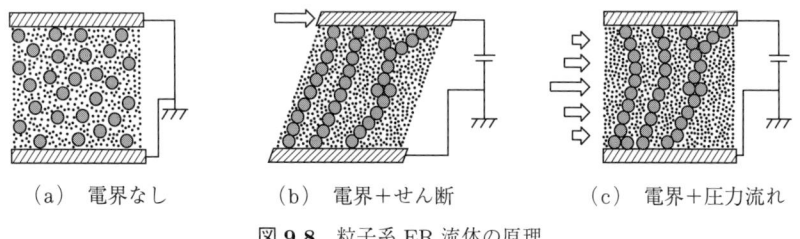

(a) 電界なし　　(b) 電界+せん断　　(c) 電界+圧力流れ

図9.8 粒子系ER流体の原理

粒子系ER流体は図9.9のような性質を持つ。すなわち，電界が0の場合には速度に抵抗が比例する**ニュートン流体**(newtonian fluid)の性質を持つが，電界が上がると，ある程度のせん断応力に達するまでは流れが生じないクーロン摩擦のような性質を持った**ビンガム流体**(bingham fluid)になる。

均一系ER流体はニュートン流体の性質を維持しながら，電界の大きさに従って粘度が変化するという性質を持つ。

杉本らはER流体を用いて図9.10のようなクラッチを試作した。入力回転円筒は外部から一定速度で駆動される。ER流体に電界をかけると**せん断応力**(shearing stress)が発生し，出力円筒にトルクが伝達される。

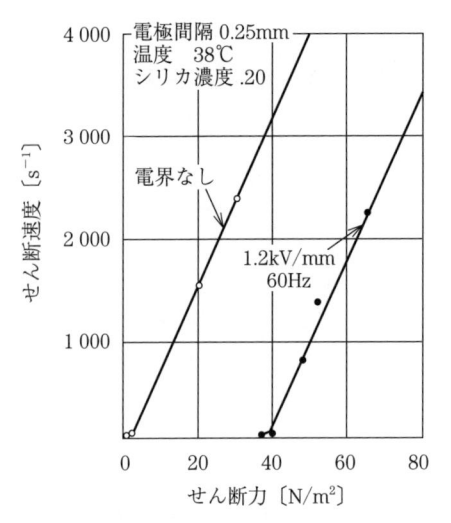

図 9.9　粒子系 ER 流体の特性

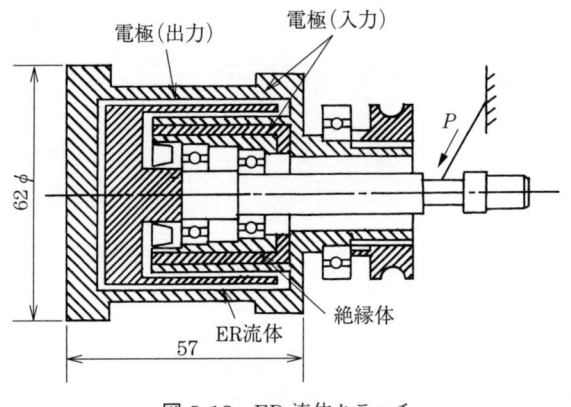

図 9.10　ER 流体クラッチ

9.4　超磁歪アクチュエータ

　TbDyFe 系材料は磁界により，きわめて大きなひずみを生じ，その大きさは圧電セラミックスである PZT の数十倍にも上ぼる．この合金は**超磁歪合金**(giant magnetostrictive alloy, GMA) と呼ばれている．その原理は，図 **9.11** のよう

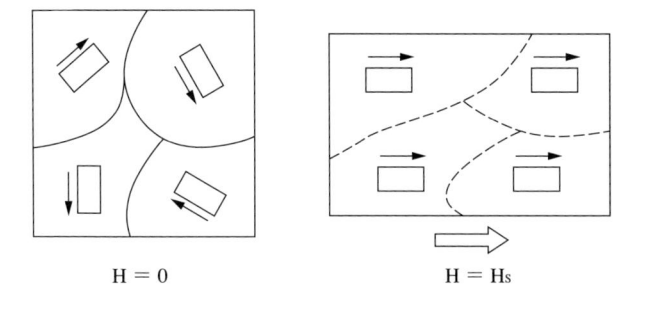

(a) 外部磁界なし

(b) 外部磁界あり

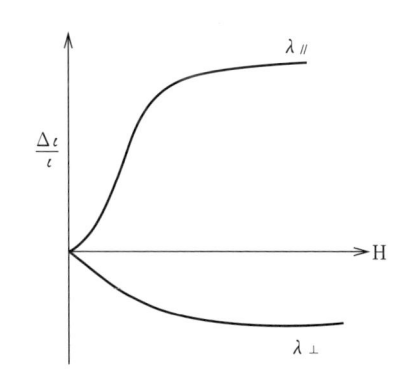

(c) 磁界とひずみの関係
(方向によって特性が異なる)

図 **9.11** 超磁歪アクチュエータの原理

に，磁性体結晶の**自発磁化**(spontaneous magnetization) の方向が外部磁界により揃うことによって，外形の変形や体積変化 (volume change) が起きると説明されている。

その特徴は，つぎのとおりである。
(1) 変位が大きい。
(2) キュリー温度が高く，高温で使用可能である。
(3) 低電圧駆動が可能である。
(4) 発生応力が大きい。

(5) ヒステリシスが小さい。
(6) 構造が単純である。
(7) 応答速度が速い。
(8) 材料に直接配線が必要ない。
(9) エネルギー密度が高い。

このような特徴から，応用によっては近い将来に圧電セラミックスに置き換わるアクチュエータになると期待されている。

9.5　金属水素化物アクチュエータ

　金属水素化物（metal hydride; 水素吸蔵合金）は金属結晶内部に水素を吸蔵する性質を持つ。水素ガスの吸収・放出の過程は**可逆過程**(reversible process)であり，**平衡水素解離圧**(equilibrium hydrogen dissociation pressure) が温度により図**9.12**のように変化する。したがって，温度を制御すれば水素ガスの圧力を自在に変えることができ，それをアクチュエータの駆動力として利用することができる。

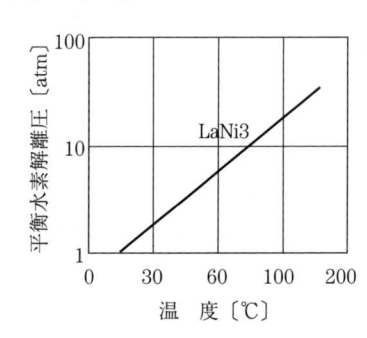

図**9.12**　金属水素化物の温度-平衡水素解離圧特性

その特徴はつぎのとおりである。
(1) 出力が大きい。
(2) 静粛性が高い。
(3) 空気圧アクチュエータと比べて独立性が高く，小形軽量である。

木村らは図 9.13 (a) に示すような金属水素化物の温度を制御する反応容器を試作した。ペルチェ素子と水冷を併用して加熱冷却され，熱電対によってフィードバック制御される。発生した水素ガスはベローズ式シリンダに導かれ，図 (b) のように位置制御・力制御がなされた[55]。

（a）温度制御反応容器　　　（b）位置制御・力制御用ベローズ式シリンダ

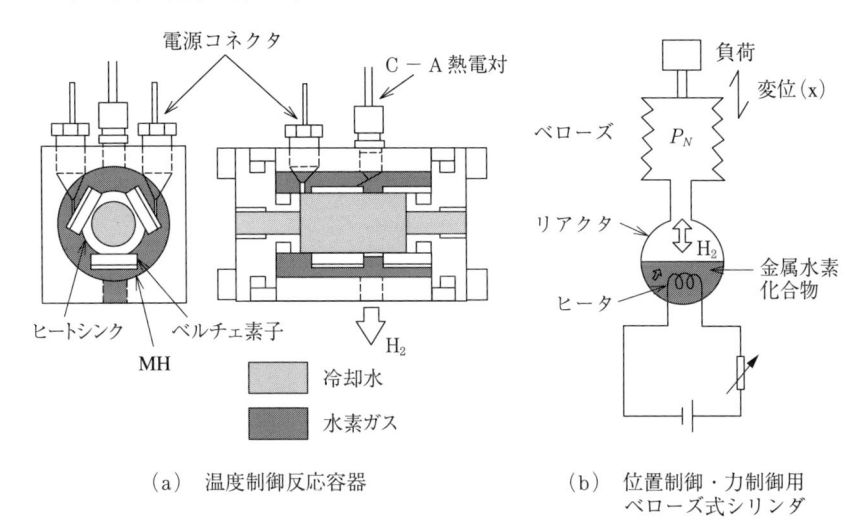

図 9.13　金属水素化物アクチュエータによる位置・力制御〔出典　木村一郎・高森 年・安田嘉秀・村尾良男・水野陽一：金属水素化物を用いたサーボアクチュエータの開発，圧力制御系の設計とその考察，日本ロボット学会誌，Vol.5, No.4, pp.21〜30 (1987)〕

金属水素化物アクチュエータは，他に身体障害者介助用リフトや洗面化粧台の昇降用アクチュエータとして利用されている。

9.6　静電アクチュエータ

電磁アクチュエータが磁力を利用しているのに対し，二つの電極間に生じる静電力（クーロン力）を駆動源としたものが**静電アクチュエータ**である。

構造には回転形（**図 9.14**）と直動形がある。固定子の電極によって回転子（あるいはスライダ）に蓄積された電荷に対し，引力や斥力が働くように固定子

9. その他のアクチュエータ

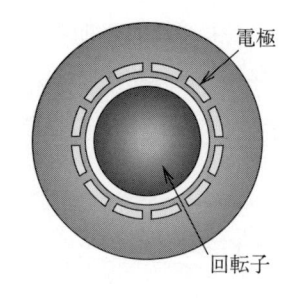

図 9.14 静電アクチュエータ（回転形）

の電荷を変化することで，回転（あるいは直進）移動が生じる。いずれも複数個の電極を配置することで，高精度な位置決めと高発生力が得られる。

このアクチュエータの特徴を以下に示す。

(1) 構造がシンプルで平面的あるため，半導体製造プロセスにより小形化が容易である。

(2) 発生トルクや推進力は，体積ではなく面積で決まる。

以上のことから，ワブルモータ，可変容量形，くし歯形など，さまざまな種類のマイクロアクチュエータが報告されている。また

(1) 透明導電体を用いることで，アクチュエータ全体を透明にできる。

(2) 薄形化したり柔軟導電体を用いることで，フレキシブルアクチュエータとなる。

(3) 多層化が容易である。

といった特色もある。

直動形静電アクチュエータの駆動方式として，新野らは**交流駆動**を提案している[56]。三相正弦波を**図 9.15** のように固定子と移動子に印加することで両者間に正弦波電位が生じ，静電力による推進力が発生するものである。両電極形の駆動には六相の信号波形が必要であるが，この駆動方式ではその半数であることが特長である。

静電アクチュエータの応用例として，テキサス・インスツルメント社のDLP (digital light processing) に用いられているDMD (digital micromirror device) が有名である。これには，可動部を静電力で電極方向に押し引きするタイ

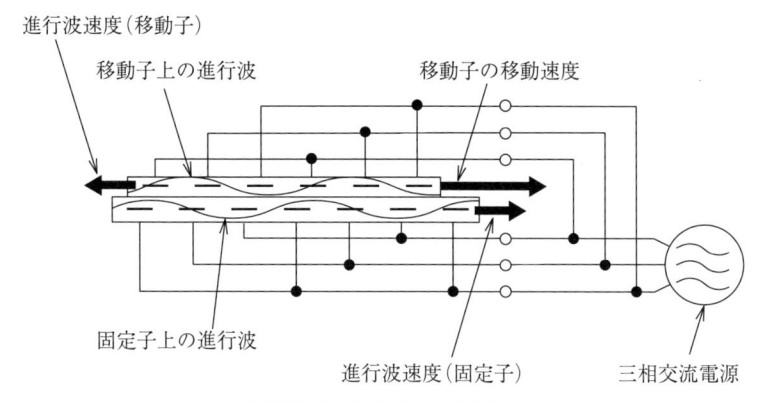

図 9.15 交流駆動（1 周波数法）〔出典　Niino, T., Egawa, S., Kimura, H. and Higuchi, T.: Electrostatic Artificial Muscle : Compact, High-Power Linear Actuators with Multiple-Layer Structures, Proc. IEEE Micro Electro Mechanical Systems Workshop '94, pp.130〜135 (1994)〕

プの静電アクチュエータが採用されている。回転形や直動形に比べ，駆動方式や構造が簡単であるため，数多くの実用化事例がある。また，ロボットアームの関節駆動[56]，触感インタフェース[57]，紙送り機構[58]など，さまざまな研究事例が報告されている。

章　末　問　題

【1】 「人にやさしいアクチュエータ」とはなにか，どのような仕様を有するかを考察せよ。

【2】 本章で紹介したニューアクチュエータの中に，前問で挙げた仕様を有するものがあるかどうか，またすべての仕様を含めることが可能であるかどうか，どのような課題があるかについて考察せよ。

付　　　録

A.1　電磁気学の主要法則

　現在広く使われている電気モータ，ソレノイドなどのアクチュエータには電磁気学の原理が用いられている。ここではアクチュエータに関連する電磁気学の法則を復習のために列挙する。詳細あるいは厳密な議論については，電磁気学の教科書を参照されたい。

(1) **アンペアの法則** (Ampere's rule)　　電流 I (electric current)〔A〕⇒ 磁界 H (magnetic field)〔A/m〕(図 **A.1**)

$$\oint_C H\cos\theta\, dl = I \tag{A.1}$$

ここで，dl は周回路 C の微小長さ，θ は H と dl のなす角であり，$\oint_C$ は周回積分を表している。

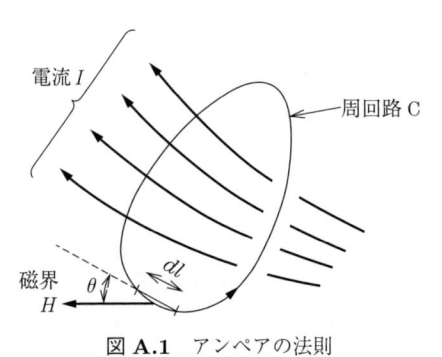

図 **A.1**　アンペアの法則

(2) **磁界と磁束密度** (magnetic flux density) **の関係**　　磁界 H〔A/m〕⇒ 磁束密度 B〔T〕

$$B = \mu_0 H \tag{A.2}$$

ここで，μ_0 は真空中の透磁率である。

A.1　電磁気学の主要法則　　117

(3) **十分に長いソレノイドに生じる磁界**　　H〔A/m〕

$$H = nI \tag{A.3}$$

ここで，n は単位長さ当りのコイルの巻数，I は電流である。

(4) **ファラデー (Faraday) の法則**　　磁束変化 $d\phi/dt$〔wb/s〕$\Rightarrow$ 周回路 C に発生する起電力 e〔V〕(図 **A.2**)

$$e = -\frac{d\phi}{dt} \tag{A.4}$$

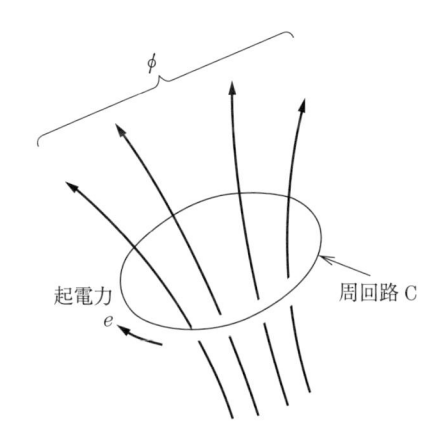

図 **A.2**　ファラデーの法則

(5) **フレミングの右手の法則 (Fleming's right-hand rule)**　　運動 v〔m/s〕$\Rightarrow$ 起電力 e〔V〕(図 **A.3**)

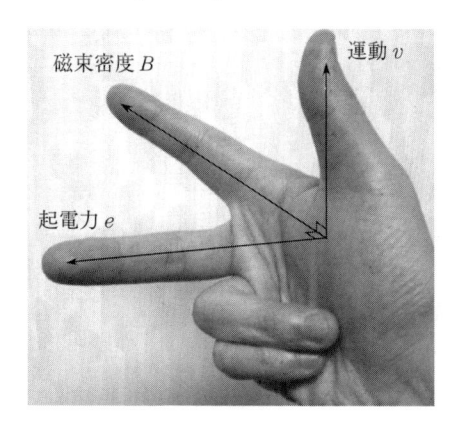

図 **A.3**　フレミングの右手の法則

$$e = vB\sin\theta \tag{A.5}$$

ここで，v は導体の速度，B は磁束密度，θ は v と B がなす角度である。

(6) **自己インダクタンス**（self-inductance）L〔H〕　電流変化 dI/dt〔A/s〕$\Rightarrow$ 逆起電力 e〔V〕

$$e = -L\frac{dI}{dt} \tag{A.6}$$

(7) 十分に長いソレノイドのインダクタンス L〔H〕

$$L = \frac{\mu_0 N^2 S}{l} \tag{A.7}$$

ここで，μ_0 は真空中の透磁率，N, S, l はコイルの巻数，断面積，長さである。

(8) 磁界のエネルギー E〔J〕

$$E = \frac{1}{2}LI^2 \tag{A.8}$$

ここで，L は自己インダクタンス，I は電流である。

(9) **フレミングの左手の法則** (Fleming's left-hand rule)　電流 I〔A〕$\Rightarrow$ 力 (force) f〔N〕(図 **A.4**)

$$f = IB\sin\theta \tag{A.9}$$

ここで，I は電流，B は磁束密度，θ はベクトル I と B がなす角度である。

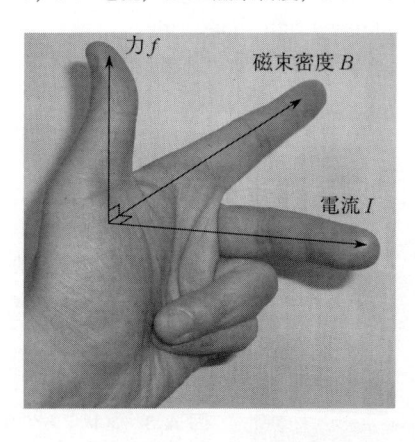

図 **A.4** フレミングの左手の法則

A.2 磁気回路

図 **A.5** のようなコイルと**磁性体**(magnetic body) からなるリングを考えると，**磁気**(magnetism) に関して**電気回路**(electric circuit) と同様な法則が成立する。このような回路のことを**磁気回路**(magnetic circuit) と呼ぶ。

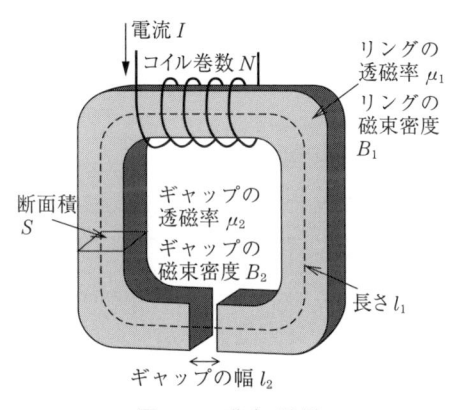

図 A.5 磁 気 回 路

リングの磁性体の**透磁率**(permeability) と磁束密度, 長さ (length), 断面積 (cross section) を μ_1, B_1, l_1, S, リングのギャップの幅 (width) と透磁率および磁束密度を l_2, μ_2, B_2, コイルの巻数と電流を N, I とすると，アンペアの法則から次式を得る。

$$NI = \frac{B_1}{\mu_1}l_1 + \frac{B_2}{\mu_2}l_2 \tag{A.10}$$

ここで，磁性体およびギャップの**磁束**(magnetic flux)ϕ_1, ϕ_2 は，磁束密度と断面積の積で求まることから

$$\phi_1 = B_1 S, \qquad \phi_2 = B_2 S \tag{A.11}$$

である。ここで円環やギャップから磁束は漏れないとすると $\phi_1 = \phi_2 \equiv \phi$ であるから

$$\phi = \frac{NI}{\frac{l_1}{\mu_1 S} + \frac{l_2}{\mu_2 S}} \tag{A.12}$$

の関係が成立する。また，**起磁力**(magnetomotive force)F を

$$F = NI \tag{A.13}$$

と定め，**磁気抵抗**(reluctance; magnetic resistance)R_m を

$$R_m = \frac{l_1}{\mu_1 S} + \frac{l_2}{\mu_2 S} \tag{A.14}$$

と定めると，磁気回路の**オームの法則**(Ohm's law)

$$F = R_m \phi \tag{A.15}$$

が成立する。

磁気回路と電気回路の対応を表 **A.1** に示す。

表 **A.1** 磁気回路と電気回路

磁 気 回 路	電 気 回 路
起磁力 F 〔A〕	起電力 (electromotive force) e 〔V〕
磁束 ϕ 〔Wb〕	電流 I 〔A〕
透磁率 μ 〔H/m〕	導電率 (conductivity) σ 〔S/m〕
磁気抵抗 $R_m = \dfrac{l}{\mu S}$ 〔A/Wb〕	電気抵抗 (electric resistance) $R = \dfrac{l}{\sigma S}$ 〔Ω〕
オームの法則 $F = R_m \phi$	オームの法則 $e = RI$

電気回路は，**導体**(conductor) と**絶縁体**(insulator) との導電率の差を利用して，電磁気学の法則を近似・単純化したものであると考えられる。磁気回路は，磁性体と**非磁性体**(non-magnetic body) との透磁率の差を利用した近似であり，ソレノイドやモータなどの性質を調べるために便利である。しかしながら，導電率の差が 10^{20} 倍にもなるのに対して，透磁率の差は 10^4 程度でしかなく，十分な精度 (accuracy) を得ることは難しい。

A.3 ソレノイド

ソレノイド(solenoid)には数種類の構造がある。アクチュエータとしては図**A.6**(a)に示す**プランジャ形**(plunger-type)が，リレー(relay)には図(b)に示す**クラッパ形**(clapper-type)がよく用いられている。

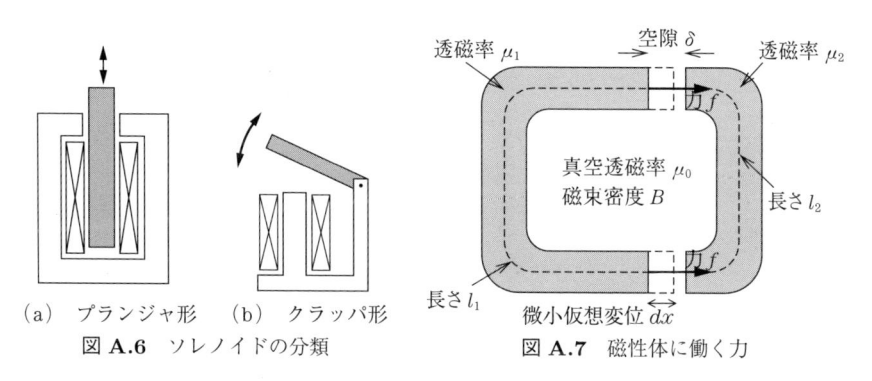

(a) プランジャ形　(b) クラッパ形
図 **A.6**　ソレノイドの分類

図 **A.7**　磁性体に働く力

図 **A.7** のように単純化されたソレノイドについて発生力 f を理論的に求めてみよう。透磁率 μ_1，μ_2 の磁性体の**磁路**(magnetic path)の長さが l_1，l_2，空隙を δ，磁束密度を B とすると，微小仮想変位(virtual displacement)dx について**エネルギー保存則**(conservation law of energy)が成立し

$$2fdx = \frac{1}{2}\left(\frac{l_1}{\mu_1} + 2\frac{\delta}{\mu_0} + \frac{l_2}{\mu_2}\right)B^2 - \frac{1}{2}\left(\frac{l_1}{\mu_1} + 2\frac{\delta-dx}{\mu_0} + \frac{l_2}{\mu_2}\right)B^2$$
$$= \frac{B^2}{\mu_0}dx \tag{A.16}$$

となる。ここで，μ_0 は真空中の透磁率である。上式を整理して

$$f = \frac{B^2}{2\mu_0} \tag{A.17}$$

を得る。これは，空隙の磁気エネルギー密度に等しい力が発生することを意味している。

引用・参考文献

1) 木村英紀：制御工学の考え方，講談社 (2002)
2) Hannaford, B. and Winters, J.：Actuator Properties and Movement Control: Biological and Technological Models, Chapter 7, Multiple Muscle Systems, Winters, J. and Woo, S. (Ed), Springer-Verlag (1990)
3) 平井慎一，若松栄史：ハンドリング工学，コロナ社 (2005)
4) バウデン・テイバー（曽田範宗 訳）：固体の摩擦と潤滑，丸善出版 (1961)
5) 吉野純一：電磁気学の基礎と演習，コロナ社 (2002)
6) 山田 博：小型モータの理論と実際，工学図書 (1989)
7) 谷腰欣司：DC モータの制御回路設計，CQ 出版社 (1985)
8) 東 昭：生物の動きの事典，朝倉書店 (1997)
9) 基礎電気機器学（電気学会大学講座），オーム社 (1985)
10) 松浦貞裕，田澤徹，佐藤繁：誘導電動機のセンサレスベクトル制御，Matsushita Technical Journal, Vol.**44**, No.2, p.100 (1998)
11) 浜田和幸著：快人エジソン，日本経済新聞社 (1996)
12) 武藤高義：アクチュエータの駆動と制御（増補），コロナ社 (2004)
13) オリエンタルモータ：ステッピングモータカタログ
14) 武田洋次，松井信行，森本茂雄，本田幸夫著：埋込磁石同期モータの設計と制御，オーム社 (2001)
15) 松浦貞裕，加藤康司，辻正伸，和田幸利，北村宏志，宮崎充弘：回路一体型ブラシレスモータ，Matsushita Technical Journal, Vol.**49**, No.1, p.22 (2003)
16) 空気圧機器テキスト入門編，SMC 株式会社
17) 日本油空圧学会編：新版油空圧便覧，オーム社 (1989)
18) 中西康二：だれでもわかる空気圧回路図入門，オーム社 (1987)
19) パワーデザイン，日刊工業新聞社，Vol.**30**, No.11 (1992)
20) 舟久保熙：制御用アクチュエータ，産業図書 (1984)
21) 宮入庄太：アクチュエータ実用事典, p341, フジ・テクノシステム (1988)
22) 鈴森康一ほか：マイクロロボットのためのアクチュエータ技術，コロナ社 (1998)
23) 川村貞夫，宮田慶一郎ほか：空気圧駆動システムのための階層フィードバック制

御則, 計測自動制御学会論文集, **26**, 2, pp.204〜210 (1990)
24) Pandian, S., 武村史朗, 早川恭弘, 川村貞夫:Practical Design of Adaptive Model-based Sliding Mode Control of Pneumatic Actuators, 日本油空圧学会論文集, 第 **31** 巻, 第 4 号, pp.17〜24 (2000)
25) パワーデザイン, 日刊工業新聞社, Vol.**31**, No.3 (1993)
26) 内野研二著, (株)日本工業技術センター編:圧電／電歪アクチュエータ—基礎から応用まで, 森北出版 (1986)
27) 内野研二:演習圧電アクチュエータ—基礎から超音波モータまで, 森北出版 (1991)
28) 一ノ瀬昇, 日本電子材料工業会編:圧電セラミックス新技術, オーム社 (1991)
29) ニューケラスシリーズ編集委員会編:圧電セラミクスの応用, 学献社 (1989)
30) 日本工業技術振興協会固体アクチュエータ研究部会編:精密制御用ニューアクチュエータ便覧, 富士テクノシステム (1994)
31) NEC トーキン:圧電素子カタログ (2002)
32) 谷腰欣司:超音波とその使い方—超音波センサ・超音波モータ, 日刊工業新聞社 (1994)
33) 新生工業:超音波モータカタログ
34) 樋口, 渡辺, 工藤:圧電素子の急速変形を利用した超精密位置決め機構, 昭和 62 年度精密工学会春季大会講演論文集, p.919 (1988)
35) 工藤, 村田, 山形, 樋口:精密インジェクタの開発, 日本機会学会ロボティクス・メカトロニクス講演会 '96 論文集 (1996)
36) 樋口俊郎, 山形豊:圧電素子の急速変形を利用したマイクロロボットアーム, 日本ロボット学会誌, Vol.**8**, No.4, pp.479〜482 (1990)
37) Yamagata, Y., Higuchi, T., Nakamura, N., Hamamura, S.:A Micro Mobile Mechanism Using Thermal Expansion and its Theoretical Analysis, Proc. International Workshop on Micro Electromechanical System (MEMS'94), pp.142〜147 (1994)
38) 吉田, 岡本, 樋口, 浜松:スムーズインパクト駆動機構 (SIDM) の開発 —駆動機構の提案と基本特性, 精密工学会誌, Vol.**65**, No.1 (1999)
39) Ikuta, K., Kawahara, A., Yamazumi, S.: Miniature Cybernetic Actuators Using Piezoelectric Device, Proc. of International Workshop on Micro Electromechanical Systems(MEMS'91), pp.131〜135 (1991)
40) Tomovic, R. and MacGee, R.B.:A Finite State Approach to the Synthesisof Bioengineering Control System, IEEE Trans on Human Factor in Electronics, Vol.**7**, No.2, pp.65 (1966)

41) 生田幸士, 野方 誠, 有冨 智：腹腔内手術用超冗長能動内視鏡の研究, 日本ロボット学会誌, Vol.**16**, No.4, pp.569〜575 (1998)
42) Ikuta, K., Nokata, M., Aritomi, S.: Biomedical Micro Robots Driven by Mimiature Cybernetic Actuator, Proc. of International Workshop on Micro Electromechanical Systems (MEMS'94), pp.263〜268 (1994)
43) 岡田徳次：ワイヤを用いた人工指の力制御, 計測自動制御学会論文集, 第 **14** 巻, 第 2 号, pp.155〜162 (1978)
44) 生田幸士, 野方 誠：分布型マイクロアクチュエータの最小配線駆動の研究, 日本ロボット学会誌, Vol.**16**, No.6, pp.791〜797 (1998)
45) アクチュエータ研究会編：ミクロを目指すニューアクチュエータ, 工業調査会 (1994)
46) 広瀬, 生田, 塚本：形状記憶合金アクチュエータの開発（材料特性の計測と能動内視鏡の開発), 日本ロボット学会誌, Vol.**5**, No.2, pp.3〜16 (1987)
47) 金藤敬一, 金子昌充, 高嶋授：有機合成高分子で人工筋肉を造る, 応用物理, Vol.**65**, pp.803〜810 (1996)
48) 安積欣志：高分子アクチュエータ, 日本ロボット学会誌, Vol.**21**, No.7, pp.708〜712 (2003)
49) Oguro, K., Kawami, Y. and Takenaka, H.: Bending of an ion-conducting polymer film-electrode composite by an electric stimulus at low voltage, J. Micromachine Society, Vol.**5**, pp. 27〜30 (1992)
50) 田所諭：柔らかいアクチュエータ, 日本ロボット学会誌, Vol.**15**, No.3, pp.318〜322 (1997)
51) Tadokoro, S., Yamagami, S., Ozawa, M., Kimura, T., Takamori, T., Oguro, K.: Multi-DOF device for soft micromanipulation consisting of soft gel actuator elements, Proc. of IEEE Intl. Conf. on Robotics and Automation, Detroit, pp. 2177〜2182 (1999)
52) 小築, 釜道, 山北, 安積, 羅：IPMC直動アクチュエータを用いた歩行ロボット制御, 日本ロボット学会第 22 回学術講演会予稿 CD-ROM, 2C15 (2004)
53) 古庄, 坂口：ER流体を用いたニューアクチュエータ, 日本ロボット学会誌, Vol.**15**, No.3, pp.323〜325 (1997)
54) A.E. クラーク, 江田弘：超磁歪材料, マイクロシステム・アクチュエータへの応用, 日刊工業新聞社 (1995)
55) 木村一郎, 高森 年, 安田嘉秀, 村尾良男, 水野陽一：金属水素化物を用いたサーボアクチュエータの開発, 圧力制御系の設計とその考察, 日本ロボット学会誌,

Vol.5, No.4, pp.21〜30 (1987)

56) Niino, T., Egawa, S., Kimura, H. and Higuchi, T. : Electrostatic Artificial Muscle : Compact, High-Power Linear Actuators with Multiple-Layer Structures, Proc. IEEE Micro Electro Mechanical Systems Workshop '94, pp.130〜135 (1994)

57) 山本, 高崎, 樋口：薄型静電アクチュエータを用いた触感インタフェース, SICE SI2000 講演論文集, pp.59〜60 (2000)

58) 新野, 柄川, 樋口：静電力による紙送り機構, 精密工学会誌, Vol.**60**, No.12, pp.1761〜1765 (1994)

59) 高森 年：今, ロボット用アクチュエータに何が求められているのか？―ニューアクチュエータへの期待, 日本ロボット学会誌, Vol.**15**, No.3, pp. 314〜317 (1997)

章末問題解答

1章

【1】 定性的条件
(1) 駆動力は十分大きく，静止摩擦より大きく，運動が開始できる。
(2) 自動焦点距離調節に要する時間として許容される時間内に目標位置に移動できるに十分な駆動力を持つ。
(3) 振動などを十分に抑制できる制御性能を持つ。
(4) 要求される精度での位置決めが可能である。
(5) 製品に要求される体積と形状に合致する。
(6) 製品寿命の間に利用する回数内での耐久性がある。
(7) 想定される利用での温度などの環境条件を満たす。
(8) 価格が設定された範囲にある。
などが想定される。

【2】 (1) 作動流体が空気であるので，大気放出しても環境汚染はない。
(2) 空気には圧縮性があるので，外部からの力に対して柔軟な運動となる。ただし，空気の圧縮性は長所ともなる一方で，位置制御などは振動現象などから難しくなる。

2章

【1】 パワーは，式 (2.9) のトルク τ に回転角速度 $d\theta/dt$ を剰じた値になるので，回転角速度の2次関数（放物線）となる。また，最大パワーは $d\theta/dt = e_a/2k_e$ のときに与えられる。

【2】 2.8節での説明にあるように，モータの電気的エネルギーが熱エネルギーに変わる。定常状態で，モータからの放熱状態と抵抗での発熱状態が釣り合う限界が，定格電流となる。したがって，放熱効率のよいモータを作ることも，定格トルクを増加する方法である。

【3】 固有振動数

$$\sqrt{\frac{k_t k_p}{AR_a}} \tag{1}$$

粘性減衰係数

$$\frac{BR_a + k_t k_e + k_t k_v}{2\sqrt{AR_a k_t k_p}} \tag{2}$$

通常は，モータを含むハードウェアが決まっていれば，フィードバックゲインのみ調節可能となる．そこで，まず位置フィードバックゲイン k_p により望みの固有振動数に設定する．つぎに，速度フィードバックゲイン k_v によって，減衰係数を 1 とする．また，ハードウェア的に改良可能な場合は，同じ要領で固有振動数や粘性減衰係数を調節すればよい．

3 章

【1】 以下の順に従う．① 回転子に負荷が加わる．② 回転子の速度が低下する．これにより，すべりが増大する．③ 回転磁界と回転子との相対速度が増加する．④ フレミングの右手則より速度の増加は誘導電圧を増加させる．⑤ 誘導電圧の増加は電流を増加させる．⑥ フレミングの右手則よりトルクが増大する．

【2】 誘導モータは，固定子だけでなく回転子もコイルで構成されており，この回転子の二次側コイルに流れる電流でトルクが発生する．そのため，二次側コイルの巻線抵抗による損失，いわゆる二次銅損の分だけは効率が悪化する．

5 章

【1】 三相モータを二相モータとして考える場合，式 (5.1) の電流だけでなく，電圧も同様な変換式を用いて二相として取り扱う．この場合，電力は，各相の電流と電圧の積の総和であるが，二相であっても三相であってもモータの電力を同じにするために，補正するための係数である．

【2】 dq 逆変換

$$\begin{bmatrix} i_a \\ i_b \end{bmatrix} = \begin{bmatrix} \cos\theta_e & -\sin\theta_e \\ \sin\theta_e & \cos\theta_e \end{bmatrix} \begin{bmatrix} I_d \\ I_q \end{bmatrix} \tag{1}$$

二相/三相変換

$$\begin{bmatrix} i_u \\ i_v \\ i_w \end{bmatrix} = \frac{\sqrt{2}}{\sqrt{3}} \begin{bmatrix} 1 & 0 \\ \dfrac{-1}{2} & \dfrac{\sqrt{3}}{2} \\ \dfrac{-1}{2} & \dfrac{-\sqrt{3}}{2} \end{bmatrix} \begin{bmatrix} i_a \\ i_b \end{bmatrix} \tag{2}$$

8章

【1】 変位や応力の減少，発熱現象，破壊

【2】 弾性的エネルギーの損失により発熱する。ちなみに発熱は素子材料の機械的品質係数に依存するが，電気機械結合係数には依存しないことが報告されている。共振振動が生じた場合，振動モードにより応力が大きくなって変位が0になったり，逆に変位が大きくなり応力が0になる部分が生じる。周期的な電圧印加により繰り返し応力が生じる。その結果，素子内のクラックが進行し破壊する。

9章

柔らかくて，力持ちで，小形で，適切な速度で静かに動くことができるのが「人にやさしいアクチュエータ」であるといわれている。これらの仕様を実現するためには，要求される機能を明確にした上で，構造（ハードウェア）やシステム（ソフトウェア）により柔軟性を発揮し，かつインテリジェント化が必要である[59]。しかしながら「人にやさしいとはなにか」についての明確な答えは存在しない。今後，読者それぞれが，本書で学んだことと自由な発想で考え出してもらうことを期待する。

索引

【あ】

アクチュエータ	4
圧縮機	42
圧電基本式	75
圧電セラミックス	72
圧電定数	75, 76
圧力比例制御弁	53
アフタクーラ	42
アンペアの法則	116

【い】

イオン導電性高分子	105
一次側コイル	20
一/二相励磁	30
位置フィードバックゲイン	16
一相励磁	30
インダクタンス	13
インバータ	23
インパクト駆動機構	91

【う，え】

運動制御	4
運動方程式	17
エアドライヤ	43
永久磁石形	27
エネルギー保存則	121
エンコーダ	38

【お】

オーステナイト相	102
オームの法則	120
オリフィス	58

【か】

回転子	9
可逆過程	112
可変速制御	22
可変リラクタンス形	28

【き】

機械的運動エネルギー	18
起磁力	120
逆圧電効果	72
逆起電力	12
共振現象	29
切換弁	51
金属水素化物	112

【く】

空気圧駆動	2
空気圧シリンダ	46
空気圧モータ	47
クーロン摩擦力	8
クーロン力	113
クラッパ形	121

【け】

形状記憶効果	101
形状記憶合金	100
減圧弁	43

【こ】

降伏点	101
ゴム人工筋アクチュエータ	49
固有振動数	29
コンピュータ	4

【さ】

サーボ	15
サーボアンプ	39
最大自起動周波数	31
産業用ロボット	3
三相/二相変換	36
三相誘導モータ	22

【し】

磁界	116
磁気エネルギー	18
磁気抵抗	120
自己インダクタンス	25, 118
仕事率	6
磁性体	120
磁性流体	109
磁束	119
磁束密度	116
自発磁化	111
柔軟駆動	42
周波数変調形速度制御	98
重量流量	57
状態方程式	57
磁路	121
シングルベーン形	46
進行波	87

【す】

スター結線	34
滑り	22
スムーズインパクト駆動機構	94

索引

【せ】
制御弁	51
静止摩擦	8
静電力	113
整流	23
整流子	10
絶縁体	120
センサ	4
せん断ひずみ	77

【そ】
相互インダクタンス	25
双晶変形	102
速度フィードバックゲイン	16
塑性変形	100
ソレノイド	117

【た，ち】
脱　調	29
ダブルベーン形	47
超磁歪合金	110
超弾性	101

【て】
定圧比熱	58
定格回転数	49
ディザ	96
定在波	88
定積比熱	58
デューティ比	55
デルタ結線	34
電圧方程式	25
電気機械結合係数	78
電磁駆動	2
電磁誘導作用	20
電歪型高分子	105
電歪定数	76

【と】
透磁率	119
導体	120
導電性高分子	105
トルク	10

【に】
二次側コイル	20
二相励磁	30
ニューアクチュエータ	100
ニュートン流体	109

【ね】
熱エネルギー	19
粘性係数	17
粘性抵抗	29
粘性摩擦	8

【は】
パーツフィーダ	7
バイモルフ	79
バッファタンク	43
ばね定数	17
パルス幅変調法	55
パルス符号変調法	56

【ひ】
非磁性体	120
微小仮想変位	121
ヒステリシス	84
ピストン空気圧モータ	48
ビンガム流体	109

【ふ】
ファラデーの法則	117
フィードバック	15
複合形	28
ブラシ	10
プランジャ形	121
フレミングの左手の法則	9, 118
フレミングの右手の法則	12, 117

【へ】
平衡水素解離圧	112
ベーン形	46
ベーン形空気圧モータ	47
ベクトル制御	24
ペルチェ素子	113
ベルヌーイの定理	59
ベローズ式シリンダ	113

【ま】
摩擦駆動	88
摩擦力制御	96
マルテンサイト逆変態温度	100
マルテンサイト相	102
マルテンサイト変態温度	102

【ゆ，よ】
油圧駆動	2
油圧モータ	66
誘電分極	109
揺動形アクチュエータ	46

【ら，り，れ】
ラプラス変換	15
流量比例制御弁	52
臨界圧力	60
励　磁	27

dq 変換	37
ER 流体	109
HB 形	28
ICPF アクチュエータ	105
PCM 法	56
PM 形	27
PWM インバータ	23
PWM インバータ制御	35
PWM 法	55
VR 形	28

―― 著者略歴 ――

川村　貞夫（かわむら　さだお）
1981 年　大阪大学基礎工学部生物工学科卒業
1983 年　大阪大学大学院基礎工学研究科修士課程修了（物理系専攻機械工学分野）
1986 年　大阪大学大学院基礎工学研究科博士課程修了（機械工学専攻）工学博士（大阪大学）
1986 年　大阪大学助手
1987 年　立命館大学助教授
1995 年　立命館大学教授
2022 年　立命館大学立命館グローバル・イノベーション研究機構特別招聘研究教授
　　　　現在に至る

野方　誠（のかた　まこと）
1993 年　九州工業大学情報工学部機械システム工学科卒業
1995 年　九州工業大学大学院情報工学研究科博士前期課程修了（情報システム専攻）
1998 年　名古屋大学大学院工学研究科博士後期課程修了（マイクロシステム工学専攻）博士（工学）（名古屋大学）
2001 年　名古屋大学助手
2002 年　立命館大学助教授
2007 年　立命館大学准教授
2014 年　立命館大学教授
　　　　現在に至る

田所　諭（たどころ　さとし）
1982 年　東京大学工学部精密機械工学科卒業
1984 年　東京大学大学院工学系研究科修士課程修了（精密機械工学専攻）
1984 年　神戸大学助手
1991 年　博士（工学）
1993 年　神戸大学助教授
2002 年　NPO 法人国際レスキューシステム研究機構設立，会長（〜現在）
2005 年　東北大学大学院教授
　　　　現在に至る

早川　恭弘（はやかわ　やすひろ）
1982 年　立命館大学理工学部機械工学科卒業
1984 年　立命館大学大学院理工学研究科博士前期課程修了（機械工学専攻）
1985 年　奈良工業高等専門学校助手
1993 年　奈良工業高等専門学校助教授
1996 年　博士（工学）（立命館大学）
2006 年　奈良工業高等専門学校教授
2021 年　奈良工業高等専門学校特任教授
2023 年　奈良工業高等専門学校名誉教授

松浦　貞裕（まつうら　さだひろ）
1985 年　大阪大学基礎工学部機械工学科卒業
1987 年　大阪大学大学院基礎工学研究科修士課程修了（物理系専攻機械工学分野）
1987 年　松下電器産業株式会社入社
1999 年　松下電器産業株式会社 モータ社 モータ技術研究所
2005 年　パナソニックモータ杭州有限公司出向 総経理（社長）
2011 年　パナソニック株式会社 ホームアプライアンス社 家電モータ事業カテゴリーオーナー
　　　　（兼）ミネベアモータ株式会社 代表取締役副社長
2014 年　パナソニック株式会社 アプライアンス社 総括部長
2015 年　臥龍電気駆動集団有限公司 日用電機総裁助理
　　　　現在に至る

制御用アクチュエータの基礎
Introduction to Actuator for Control

Ⓒ Kawamura, Nokata, Tadokoro, Hayakawa, Matsuura 2006

2006 年 4 月 28 日　初版第 1 刷発行
2024 年 4 月 25 日　初版第 10 刷発行

検印省略

著　者	川　村　貞　夫	
	野　方　　　誠	
	田　所　　　諭	
	早　川　恭　弘	
	松　浦　貞　裕	
発 行 者	株式会社　コロナ社	
	代 表 者　牛来真也	
印 刷 所	三美印刷株式会社	
製 本 所	有限会社　愛千製本所	

112-0011　東京都文京区千石 4-46-10
発 行 所　株式会社　コ ロ ナ 社
CORONA PUBLISHING CO., LTD.
Tokyo Japan

振替 00140-8-14844・電話(03)3941-3131(代)
ホームページ　https://www.coronasha.co.jp

ISBN 978-4-339-04524-6　C3353　Printed in Japan　　（柏原）

JCOPY ＜出版者著作権管理機構 委託出版物＞
本書の無断複製は著作権法上での例外を除き禁じられています。複製される場合は，そのつど事前に，出版者著作権管理機構（電話 03-5244-5088, FAX 03-5244-5089, e-mail: info@jcopy.or.jp）の許諾を得てください。

本書のコピー，スキャン，デジタル化等の無断複製・転載は著作権法上での例外を除き禁じられています。購入者以外の第三者による本書の電子データ化及び電子書籍化は，いかなる場合も認めていません。
落丁・乱丁はお取替えいたします。